中核 4 号结果状

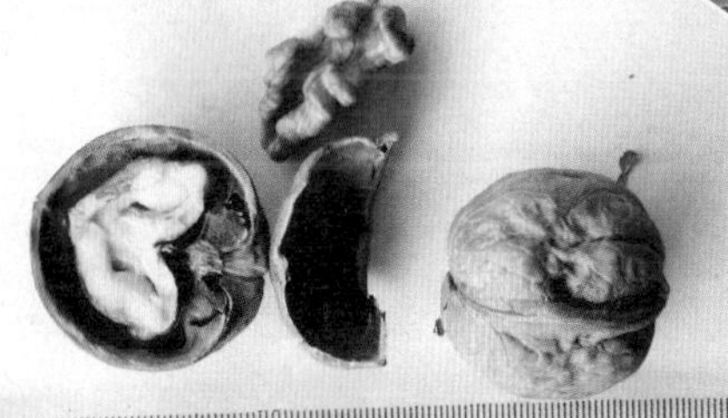

短枝核桃坚果

中核短枝结果状

中核短枝果实

辽核 1 号结果状

中林 1 号结果状

中林 5 号生长结果状

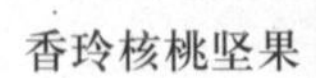

香玲核桃坚果

鲁光核桃坚果

丰辉核桃果实

元丰核桃结果状
及其坚果

西扶 1 号核桃坚果

露仁核桃坚果

薄壳核桃坚果

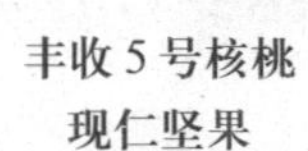

丰收 5 号核桃
现仁坚果

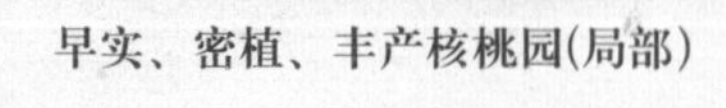

早实、密植、丰产核桃园(局部)

绿枝嫁接用核桃枝条

绿枝芽接苗芽萌动状

大方块绿枝芽接苗

大方块芽接小苗

核桃良种嫁接苗
繁育基地

核桃秋季育苗圃

核桃嫁接苗生长状

中核短枝结果枝组

中核短枝花芽

早实核桃二年生
幼树结果状

核桃果实成熟状态

核桃与黄豆间作状

改接核桃优良品种

核桃主干环剥状

采收的核桃果实

去除核桃果实青皮

晾晒中的核桃坚果

建设新农村农产品标准化生产丛书

# 核桃标准化生产技术


主　编

曹尚银　李建中

副主编

郭俊英　阎艳霞　陈新平

编著者

曹尚银　李建中　郭俊英　阎艳霞
陈新平　王守龙　任军战　陈玉玲
薛华柏　姚增福　许彦婷　郭俊杰
倪　勇　马学文



金盾出版社

## 内 容 提 要

本书由中国农业科学院郑州果树研究所曹尚银等研究人员和国内部分专家编著。全书共分十章，分别介绍了核桃标准化生产的现状和意义，核桃标准化栽培的优良品种与砧木选择，核桃良种壮苗标准化繁育技术，标准化建园技术，土肥水标准化管理，核桃标准化整形修剪技术，核桃标准化花果管理，核桃病虫害标准化防治技术，核桃标准化采收、处理与贮运，核桃丰产与坚果品质标准等知识和技术。书中内容丰富，标准明确，技术实用，通俗易懂，便于学习和操作。可供农村基层干部、广大园艺工作者、产品加工开发者、果树种植专业户和农林院校师生阅读参考。

**图书在版编目(CIP)数据**

核桃标准化生产技术/曹尚银，李建中主编；郭俊英等编著．—北京：金盾出版社，2007.10(2019.10 重印)
(建设新农村农产品标准化生产丛书)
ISBN 978-7-5082-4672-7

Ⅰ.①核…　Ⅱ.①曹…②李…③郭…　Ⅲ.①核桃—果树园艺—标准化　Ⅳ.①S664.1

中国版本图书馆 CIP 数据核字(2007)第 150136 号

**金盾出版社出版、总发行**
北京市太平路 5 号(地铁万寿路站往南)
邮政编码：100036　电话：68214039　83219215
传真：68276683　网址：www.jdcbs.cn
北京印刷一厂印刷、装订
各地新华书店经销
开本：787×1092 1/32　印张：7.25　彩页：8　字数：148 千字
2019 年 10 月第 1 版第 11 次印刷
印数：57 001～60 000 册　定价：23.00 元

(凡购买金盾出版社的图书，如有缺页、
倒页、脱页者，本社发行部负责调换)

# 序　言

随着改革开放的不断深入，我国的农业生产和农村经济得到了迅速发展。农产品的不断丰富，不仅保障了人民生活水平持续提高对农产品的需求，也为农产品的出口创汇创造了条件。然而，在我国农业生产的发展进程中，亦未能避开一些发达国家曾经走过的弯路，即在农产品数量持续增长的同时，农产品的质量和安全相对被忽略，使之成为制约农业生产持续发展的突出问题。因此，必须建立农产品标准化体系，并通过示范加以推广。

农产品标准化体系的建立、示范、推广和实施，是农业结构战略性调整的一项基础工作。实施农产品标准化生产，是农产品质量与安全的技术保证，是节约农业资源、减少农业面源污染的有效途径，是品牌农业和农业产业化发展的必然要求，也是农产品国际贸易和农业国际技术合作的基础。因此，也是我国农业可持续发展和农民增产增收的必由之路。

为了配合农产品标准化体系的建立和推广，促进社会主义新农村建设的健康发展，金盾出版社邀请农业生产和农业科技战线上的众多专家、学者，组编出版了《建设新农村农产品标准化生产丛书》。“丛书”技术涵盖面广，涉及粮、棉、油、肉、奶、蛋、果品、蔬菜、食用菌等农产品的标准化生产技术；内容表述深入浅出，语言通俗易懂，以便于广大农民也能阅读和使用；在编排上把农产品标准化生产与社会主义新农村建设巧妙地结合起来，以利农产品标准化生产技术在广大农村和广大农民群众中生根、开花、结果。

我相信该套“丛书”的出版发行，必将对农产品标准化生产技术的推广和社会主义新农村建设的健康发展发挥积极的指导作用。

王连铮

2006 年 9 月 25 日

注：王连铮教授是我国著名农业专家，曾任农业部常务副部长、中国农业科学院院长、中国科学技术协会副主席、中国农学会副会长、中国作物学会理事长等职。

# 前　言

全世界约有23种核桃属植物。核桃的分布和栽培遍及世界六大洲的50多个国家和地区。全世界核桃总产量为68.5万吨，其中亚、欧和北美三大洲的核桃产量占全世界核桃总产量的97.14%。年产量达万吨以上的国家有17个，中国、美国、土耳其、伊朗、乌克兰和罗马尼亚为世界核桃的六大主产国。年产量在20万吨以上的国家只有我国和美国。与此同时，其他一些核桃主产国，如罗马尼亚、法国和保加利亚等，核桃产量却呈下降态势。世界核桃年贸易量为15万～20万吨，其中带壳核桃和核桃仁各占一半。核桃生产国都是核桃出口国。有40多个国家进口核桃，德国、法国、西班牙、澳大利亚和新西兰等为主要进口国。我国出口的核桃仁，由于颜色乳白，口味香甜，分级细致，因而在国际市场上备受青睐。

我国是核桃的原产地之一，核桃栽培面积和产量均居世界首位，出口量居第二位。核桃是我国主要经济树种之一，栽培历史悠久，资源极为丰富。核桃在我国分布广泛，除黑龙江、上海、广东和海南外，其他25个省、自治区、直辖市均有栽培。我国有三个核桃栽培中心：一是大西北，包括新疆、青海、西藏、甘肃和陕西；二是华北，包括山西、河南、河北及华东区的山东；三是云南和贵州，为铁核桃栽培中心。新中国成立前，我国核桃产量不足5万吨。新中国诞生后，我国核桃的生产得到了较快的发展。20世纪50年代中期，全国核桃产量上升到10万吨左右；60年代产量下降至4万～5万吨；70年代产量回升至7万～8万吨；近20多年来，核桃产量一直在稳步增长,发展速度较快。目前,我国核桃栽培面积约120万公顷,有核桃树2亿株,其中结果树约1.1亿株,2000年的产量为30.98万吨。

核桃富含脂肪(70%以上)及蛋白质(20%),是高热能营养食物。核桃仁具有药用价值,在我国古医药书籍中,有明确记载。明代医学家李时珍,在《本草纲目》中说:核桃"补气养血、润燥化痰、益命门、利三焦,温肺润肠。治虚寒喘咳,腰脚重疼,心腹疝痛,血痢肠风,散肿毒"。我国人民对核桃的营养价值和医药功能,很早就有深入的了解。核桃仁营养丰富而味美,可生食,是很好的滋补品,也是制作糕点的原料。它对防止动脉硬化,抗衰老;健脑益智,改善儿童视力;健脑润肤,养发强肾等方面,都有保健的作用。它又是无胆固醇的绿色保健食品。

核桃树在我国绝大部分省、自治区、直辖市均有栽培,性喜温暖湿润环境,但也耐寒抗旱。对土壤要求较严,重黏土、过湿土及地下水位高的土地,不宜栽种。它特别适宜于山区,结合造林和水土保持工作大面积栽培。最新研究成果证明,早实核桃丰产园建园及前5年的管理费用和投资利息,共计1.05万元/公顷,以盛果期30年计算,生产1吨坚果的成本约要1 600元,每吨核桃价值30 000元,投入产出比为1:18.8(间作物的收入未计在内)。目前,我国年人均食用核桃量只有几十克,而美国则达到了年人均食用核桃500克,英国为300克,法国为400克。因此,我国核桃产业大有可为,有着广阔的国内外市场。核桃历来被称为"木本油料"和"铁杆庄稼",是中国山区林业生产的重要经济树种,特别是在中国加入世贸组织、西部大开发和中部崛起的进程中,加快核桃产业的现代化、标准化改造,在广大贫困山区,特别是华北、西北和西南山地，有计划地建立现代化高效核桃产业，必将为中国山区综合开发事业作出重大贡献！

但是，长期以来采用种子繁殖，造成核桃结果晚，产量低，品质良莠不齐，优少劣多，产品优劣混杂。其具体表现是壳厚，取仁难度、核仁品质等均不一致，优质产品只占产量的30%～40%。出口的核桃商品常因优劣混杂而严重影响声誉，大大降低了市场竞争能力。我国的核桃生产与世界核桃生产先进的国家相比，还有很大差距。我国核桃结果树平均667平方米产量为30千克左右，而美国核桃平均667平方米产量为200千克左右，是我国的7倍，而且品质优良，规格整齐，因而近年来占据了国际主要核桃市场。其原因就是美国在20世纪70年代实行了栽培品种化，管理标准化。

为了更好地指导我国核桃标准化生产，提高核桃的产量、品质和栽培效益，尽快赶上世界发达国家，全面普及优质核桃品种化、标准化栽培的科学知识，加速新技术、新成果的转化，我们在多年从事核桃科研和生产实践的基础上，引用大量的最新资料，编著了此书，期望它能对优质核桃无公害标准化生产者起到借鉴和指导作用，也希望能为我国的核桃产品更大量地远销他国和出口创汇，贡献一份力量。

本书除邀请有关专家学者参与编著外，还参考和引用了国内外本研究领域的专著、学术论文和科研成果。由于文献多，又受篇幅所限，因而除书中和参考文献中注明者以外，余不一一列述。在此谨向他们表示诚挚的感谢。

由于编著者水平有限，经验不足，书中内容难免有疏漏和不妥之处，恳请同行和读者不吝赐教。

曹尚银

2007年4月20日于郑州

# 目　录

# 第一章　核桃标准化生产的现状和意义

标准化，是指为了在一定的范围内获得最佳的秩序，对实际的或潜在的问题制定共同使用和重复使用的标准的过程。标准化过程主要包括编制、发布和实施标准等活动。核桃标准化生产是农业结构战略性调整的一项基础性工作，对实现核桃产业市场化、集约化和现代化，具有重要意义。

随着我国农业由传统农业向现代农业的转变，农业生产从源头到最终产品，都需要以标准化为基础。核桃生产标准化，不仅是发展核桃产业化的需要，也是现代化核桃生产的一个重要特征，代表着现代核桃生产发展的方向。当前，鉴于核桃生产经营的小规模分散性，农民对标准化生产认识滞后等客观因素，致使核桃标准化生产必然是一个渐进的过程。然而随着核桃产业的不断推进，核桃标准化生产的重要性越来越被人们所接受，特别是加入 WTO 后在国际化竞争的巨大压力下，各级政府将会更加深刻地认识到，核桃标准化生产是提高核桃果品国际竞争力的有力手段，从而积极加以宣传和推广，使核桃标准化生产的过程将会不断地加快。

## 第一节　核桃标准化生产的特点及意义

### 一、核桃标准化的特点

核桃标准化具有如下四个主要特点：

### （一）核桃标准化的研究对象是生命体

核桃标准化的研究对象核桃是有生命的。核桃受外界影响的相关因素较多，受自然条件影响较大，其中有许多不可控制的因素。不同环境条件执行同一标准，其经济效果往往并不一样。因此，在制定或贯彻标准时，要充分注意到核桃标准化对象的这一特点。

### （二）核桃标准化具有明显的地区性

地区性的特点，形成不同的生态表现。核桃只有在特定的生态环境中生长发育，才能表现出优良的品质。所以，核桃标准化必须因地制宜。

### （三）核桃标准化具有复杂性

核桃生产受众多相关因素的影响，核桃生产的进步，是以整个社会的需要和进步为前提的，是多种因素综合作用的结果。成批新品种的育成、使用和推广，总是需要农机、化肥、农药、排灌设施、机械、温室和地膜等先进技术设备与之相配合。其中哪一项跟不上去，都会给核桃生产带来不良影响。核桃是活的有机体，有其特定的生长和发育规律，这就使得核桃标准化工作，要比其他行业的标准化工作更复杂一些。

### （四）核桃标准化的文字标准和实物标准相互结合

文字标准和实物标准同步进行，是核桃标准化的又一特点。两者的相互结合是协调的和完善的，不分先后或轻重。

## 二、核桃标准化生产的意义

### （一）核桃标准化是市场供求形势发展的必然要求

世界发达国家核桃的发展，大都经历了两个阶段，实现了两次大的飞跃。第一个阶段，主要是实现了由低产到高产的飞跃，较好地适应了人口增长对核桃的数量需求。第二阶段，主要是实现了由数量到质量的飞跃，较好地适应了人们日益增长的对核桃的质量需求。随着人民生活水平的提高，人们消费的选择性明显增强，消费者所关心的不只是能否买到东西，而且还在意所购买的商品是否卫生安全，是否富有营养，是否食用方便。在这三条当中，最关键的又是食品安全问题。因为食品安全，既是广大消费者的最基本需求，也是对核桃进入市场的最起码的质量要求；既是消费者应享受的基本权利，也是核桃商品生产经营者应尽的基本义务。

**（二）推行核桃标准化是适应农产品市场变化的必由之路**

加入世贸组织，对核桃的发展带来许多新的机遇，但也面临许多严峻的挑战。这里面既有品种、加工档次、包装装潢的不适应，又有经营理念、经营方式、经营体制的不适应。目前，最大的问题还是产品质量的不适应。过去我国是非贸易成员国家，对国外农产品的进口限制比较严，国内市场空间比较大，能出口的搞出口，出不去的转内销，有较大的回旋余地。入世之后，根据《农产品协议》、《贸易技术壁垒协议》等规则，原有的许多进口限制将逐步取消，国门将进一步敞开，门槛大大降低，特别是进口关税将逐步大幅度降低，世界各国的农产品必然会更多更便利进入到国内市场。只有推行核桃标准化，才能适应农产品市场的变化，在核桃市场中立于不败之地。

**（三）推行核桃标准化是提高核桃种植效益的重要举措**

加快核桃发展，科技是支撑，提高农民素质是基础。面对市场需求的新变化和科技进步的新形势，现实经营管理水平较低的现状，已成为核桃发展上档次、上水平的重大制约因素。推行核桃标准化的过程，就是推广普及核桃新技术、新成果的过程，是培训教育农民学科学、用技术的过程。把科技的进步、科研的成果，规范为农民便于接受、易于掌握的技术标准和生产模式，不仅为科技成果转化成现实生产力提供了有效途径，而且对于更新农民观念，改变传统习惯，促进核桃经营由粗放走向集约，由单纯重数量走向数量质量并重，具有重要的意义。推行核桃标准化，既能够推动核桃良种化、设施化、科学化水平的提高，又能促进核桃向规模化、产业化、市场化的方向发展；既有利于提高核桃坚果的品质，又有利于提高核桃的经济效益，最终必然会使我国核桃质量整体提高和市场竞争力显著增强。同时，通过推行核桃标准化生产，可以帮助农民群众更好地了解市场信息，自觉增强质量品牌意识，积极发展特优新农产品，不断开辟新的增收渠道。从这些意义上讲，抓住了核桃标准化，就是抓住了农民素质提高和核桃增效、农民增收的关键。

**（四）推行核桃标准化是保护生态环境的有效途径**

目前，核桃生产中滥用农药、化肥等现象依然存在，不仅影响人身健康，而且造成同源污染，影响到土壤、水体，破坏了人类赖以生存发展的生态环境。解决这些问题，除了加强宣传教育外，根本性的措施就是推行核桃标准化，不断提高农民科学用药、用肥和规范生产管理的自觉性，促进经济、社会、生态的协调发展。因此，推行核桃标准化，不只是一项追求现实经济效益的生产措施，也是一项保护生态环境，维持长远发展，利在当代、惠及子孙的公益事业，具有重大的社会意义。

## 第二节　核桃标准化生产现状和对策

### 一、我国果品标准化工作概况

我国果品标准化工作起步较晚，基本可以分为三个发展阶段。第一阶段，从20世纪80年代开始制定有关果品的基本标准、技术标准和质量标准，各项标准的制定、修订工作以苹果、梨、柑橘等大品种为主，外贸商检还有自己的一套果品标准。我国果品标准，基本上是立足于国内果品产销流通实际水平，来确定各项技术指标，因此，在标准数量和宽严尺度上，存有浓厚的内外贸两种体制的色彩，而且与国外标准有很大的差异。

第二阶段为我国果品标准化工作有较大发展提高的阶段。随着我国改革开放的不断深入和果品生产的迅速发展，尤其是《中华人民共和国标准化法》颁布以后，我国果品标准化工作有了较大变化和提高，主要表现在为了促进技术进步和产业结构调整，组织力量译编了部分国际标准化组织（ISO）和经济合作与发展组织（OECD）等果品领域的国际标准与国外先进标准，并明确提出在标准制订、修订工作中，要积极采用（等同或等效）国际标准和国外先进标准，以利于与国际惯例接轨。同时还明确了标准的制定、修订周期，加快了对以国家标准为主的标准复审和制定、修订工作步伐，以保证标准的科学性和时效性。

第三阶段，是面对我国加入WTO所带来的机遇与挑战，国家标准化工作主管部门站在国际市场竞争和促进产业化发展的高度，注重果品标准化体系建设和以产品安全质量标准为主的市场准入制度的推进。

据不完全统计，目前我国制定的国家果品标准有60多项。1999年，国家制定了《核桃丰产与坚果品质》行业标准（LY1329－1999），规定了核桃的丰产指标、苗木标准、栽培技术、病虫害防治，以及核桃（*Juglans regia* L.）坚果的分级、检验、包装标准。2006年5月，国家质量监督检验检疫总局和国家标准化管理委员会，发布了《核桃坚果质量等级》标准(GB/T20398－2006)。这些标准在指导果品生产和流通，提高果品质量，规范果品市场，维护产、供、销三方利益和促进我国果品行业整体水平，发挥了重要作用。

## 二、我国核桃标准化工作存在的问题

虽然我国出台了《核桃丰产与坚果品质》行业标准，但与我国核桃产销发展形势很不适应，尤其是全球经济一体化和我国已经加入 WTO 后，不可避免地面临国际核桃市场的激烈竞争。因此，我国发布了《核桃坚果质量等级》国家标准(GB/T20398－2006)。尽管这样，在我国的核桃标准化工作中还有许多问题亟待解决。

### (一)核桃标准与产销脱节

核桃品种繁多，其质量受气候、地域和管理水平等诸多因素的影响。目前，我国核桃生产主要以农户家庭经营为基础，果农素质较低，对标准很生疏；核桃销售又基本上处于自由贩卖、混装销售的状态。

据调查，许多核桃产地对品种结构调整和发展产业化十分重视，但对核桃的标准化工作的重要性认识不足，没有把标准化作为提升农业产业的重要措施来抓，使标准化与产业化发生脱节。

### (二)核桃标准跟不上科技的发展

随着核桃市场的激烈竞争，近年来，我国核桃生产开始向依靠科技和发展优新品种转化。随着核桃市场(尤其是国际市场)的不断扩展，买卖双方也在寻求技术和相关标准的解释和支持。但是，我国目前由于核桃标准水平在许多方面落后于科技与市场的发展，造成标准化工作与市场的脱节。

**(三)核桃标准体系尚未建立**

核桃从栽培到上市,是一个从产品的形成到商品的销售连续转化过程。它包括采前优良品种选育、建园、果园管理(包括病虫害防治、疏花疏果、分期采收等)、采后处理(脱青皮、洗涤及漂白等)和贮藏、上市前的商品化处理(包括分级、贴标与包装等),以及运输和上市销售,这些环节共同构成了一个完整的"产业链条"。因此,对应于核桃产销链的每一个环节,都应有相应的标准,标准间彼此衔接呼应,形成从采前到市场的完整标准体系。但从已制定的核桃标准来看,我国的核桃标准较少,许多环节无标准可依;一个既与国际标准接轨,又适应核桃产业发展的核桃标准体系亟待建立。

**(四)核桃标准宣传推广力度不够**

制定与修订核桃标准,是一项重要的工作任务。从立项到实施要组织有关部委、主产区及相关单位的专家,召开多次座谈会、初审会以及产销区调查。在正式批准之后,还要选择主产区开展实施情况调查。如 20 世纪 80 年代,供销总社承担《鲜苹果》标准的制定时,就先后邀请农业、外贸、商检等部、局的有关领导和专家学者,一起座谈、审定和批准,后来又在山东、辽宁等苹果主产区试行和总结。由于深入产销实际,多部门协作审定,从而有效地保证了该项标准的科学性、先进性和实用性。随着市场经济的发展,农民对标准化认识不足,因此,应加大引导宣传推广力度,使核桃产业者认识标准,使用标准,真正成为引导产销各方规范产品、实现优质优价的法律依据。

**(五)标准执行过程中监管力度不够**

在核桃标准的执行过程中,存在"有标不依,执标不严"的情况。因为没有明确的监管部门,加之核桃批发交易市场处于自由买卖状态,使核桃标准的执行变得较为困难。发达国家对核桃质量管理特别严格，首先制定明确细致与核桃产销有密切利益的相关性的标准体系，果农从维护切身利益出发，树立起很强的标准质量意识。对标准执行情况的检查，政府有明确的部门分工。如美国的环境保护局负责确定和检查可使用农用化学品的种类和残留，食品和药物管理局负责对运销前和上市前核桃的抽检。由于果农自觉执行标准，检查部门严格检查标准执行情况，从而使美国核桃能以稳定的质量赢得信誉，畅销世界。

## 三、发展核桃标准化生产的对策

### （一）提高对标准化工作的认识

综观果业发达国家的经验，其中很重要的一条就是从果农到政府部门，都把制定和实施科学、系统的果业标准视为产业的生命线。“洋果品”大举进入国内超市，简单说是胜在整齐漂亮的外观和轻巧坚固的包装等方面，其实质是胜在果业严格执行科学配套的标准上。

尽管核桃难免在果形、个头等方面存在千差万别，但是如果按一套标准处理，就会变成不同级别相对整齐洁净的商品；反之，则为大小不整的初级产品而非商品。很显然，两种扮相的核桃，在消费者面前必然是截然不同的两种身价，其重要的原因就是标准本身的作用。没有规矩，不成方圆。不严格执行标准，就不会产生合格的果品商品，果品商品也就难以进入国际市场。

我国核桃产业正处在一个十分关键的历史时期。尽管果业是一个多种因素制约的系统工程，但是把我国核桃果业标准体系建设好、应用好，则是对促进核桃产业健康发展的重要保证。

**(二)组建 核桃标准化技术委员会**

国家制定有标准的,按国标执行。在某个环节国家没有制定标准的,应由各地各级国家质量监督检疫局牵头,召开农业、林业、供销、轻工、外贸、核桃主产区、果农协会、核桃批发市场等有关各方人员参加的核桃标准化工作联席会议,并从中选举产生常设的核桃标准化技术委员会,来协调组织具体活动。打破部门界限,按核桃产业发展和市场规律办事,以促进标准化工作与产销实际的紧密结合,促进核桃标准水平的提高和有效实施。

**(三)制定标准化工作规划,实施动态化管理**

核桃产业是随着国家的开放、科技的进步和市场的发展而不断发展的基础产业,核桃标准化工作也需及时跟踪国际先进标准,及时了解国内外核桃产销动态,有效地吸收世界先进科技和管理经验,兼顾我国的具体条件和果品特色,根据产业调整和市场需求,制定切合实际的近、中、远期标准化工作规划。核桃标准化工作应力求与市场需求同步,实现真正意义上的时效性和指导性。

**(四)建立相关制度,确保标准化工作质量**

国标是体现国家政策和科技水平、用以指导和规范核桃产销市场的法规。《标准化法》明确指出,应当组织专家负责标准的草拟和审查工作。国家主管部门应建立国家标准制修订和认证人员的资格认证审批制度,从根本上保证标准工作的制修、审定水平。

**(五)抓好标准化示范,带动核桃标准化工作的普及**

为了使企业和市场积极自愿采用,应学习借鉴国外先进经验,研究改进标准化宣传贯彻工作存在的问题和不足,真正使核桃产、供、销各方面,切实感受到严格执行标准对自身利益的保护作用。今后的核桃标准化工作要进一步解放思想，逐渐转变为市场行为模式，选择重点产销区，争取当地政府和经营单位的支持，通过共同参与实施核桃标准化示范工程等活动，积极探索在市场经济条件下标准化工作的新思路，使核桃标准真正进入市场，深入人心。

**(六)建立标准化工作督查队伍，加大规范力度**

在保证标准制定与修订工作质量的前提下，要真正维护标准化工作的严肃性。要充分利用国家各级专业质检队伍，协调好工商、税务等执法部门和核桃产销区批发市场管理部门的关系，建立一支经常性的标准宣传贯彻工作督查队伍，注意把督查和标准的宣传贯彻结合起来，争取及早实施产品质量认证标签制度和市场准入制度，以此作为核桃“入市资格证书”，在自愿和引导的基础上，加大规范市场的力度。通过此类活动向社会宣传标准，维护标准化工作的严肃性。

**(七)提高标准化水平，振兴我国核桃产业**

核桃原为我国出口的优势产业，出口量约占世界核桃市场销售量的40%～50%。20世纪70年代后，美国因核桃产量质量提高，一跃而成为核桃出口大国。我国核桃因其标准化工作滞后，出口量下降为占世界核桃出口量的20%～30%，而且比美国核桃售价低30%左右，致使美国核桃占据了国际市场。为促进核桃产业发展，恢复我国核桃在国际市场上的优势地位，应继续加强与国际标准化组织(ISO)和经济合作与发展组织(OECD)的合作，还应积极与美国、欧盟以及土耳其等主要核桃产销国和地区的标准化组织、核桃进出口组织，建立广泛合作，积极争取参加国际和地区的核桃标准会议和商贸会议，通过出国考察和邀请对方研讨等方式，促进我国核桃标准化工作与国际标准和市场接轨。

# 第二章　核桃标准化栽培的优良品种与砧木选择

我国从 20 世纪 60 年代起，开始了核桃良种选育研究工作，取得了较大的进展。80 年代末期，由全国核桃科研与生产协作组联合九省（直辖市、自治区）有关专家合作，于 1990 年选育鉴定出首批国家级核桃早实新品种。这些品种，在产量和品质等方面显著超过原有实生群体，且很大一部分的综合指标，已超过了世界上核桃生产较为发达的美国培育的品种强特勒和哈特利等。近年来，国家及一些省市的科研部门还陆续选育出了 50 多个地方性新品种。

## 第一节　品种选择的标准

### 一、充分考虑品种的生态适应性

生态适应性是指经过引种驯化后，品种完全适应当地气候环境，园艺性状和经济特性等指标符合推广要求。因此，选择的良种必须是经过省级以上鉴定，且在本地引种试验表现良好，宜于推广的早实新品种。确定品种之前，应先看专家的引种报告，实地察看当地的品种示范园，以及根据不同品种的生长结果习性和当地的气温、日照、土壤与降水等自然因素，从而判断品种是否符合生态适应性要求，切勿盲目栽植。北方品种在南方一般能正常生长，南方品种引种到北方则要慎重对待，必须经过严格的区域试验，证明在北方能正常生长结果并成熟以后，方可引种。

## 二、适地适树，选择适生的主栽品种

目前通过国家级、省级鉴定的核桃品种，分为早实型和晚实型两个类型。早实型核桃一般结果早，丰产性强，嫁接后2～3年即可挂果，早期产量高，适于矮化密植，但有的品种抗病性、抗逆性较差，适宜在肥水充足、管理良好的条件下栽培。有的品种适应性、抗逆性较强，可根据立地条件选择适宜的品种。晚实品种早期丰产性相对较差，嫁接后3～5年挂果，但树势强壮，经济寿命长，较耐干旱，可在立地条件较差、管理粗放的地块种植。

## 三、注重雌雄花期一致的品种搭配

各地应根据不同品种的主要特性、当地的立地条件及管理水平，选择3～5个最适品种重点发展。每个园品种不宜太多，以1～2个主栽品种为宜，目的是为了方便管理与降低生产成本；同时要选择1～2个花期一致的授粉品种，按(5～8)：1的比例，呈带状或交叉状配置。

## 四、正确理解有关核桃品种的概念

良种是提高核桃产量、品质的保证。发展核桃生产，必须弄清普通核桃与铁核桃，早实核桃与晚实核桃，以及薄壳核桃与新疆核桃等有关核桃的几个基本概念。

### (一)普通核桃与铁核桃

这是从种的分类角度而言的，这里的铁核桃是指核桃属的1个种，与人们生活中所指的“铁核桃”不同，后者是指那些壳厚、取仁困难的核桃果实。铁核桃又名泡核桃、深纹核桃，主要分布在四川的西南部。西昌、盐源、德昌、会理与米易等为铁核桃的主要分布区。云南漾濞核桃就是属于铁核桃品种。核桃与铁核桃这两个种对光照、降水量与温度等生态条件的要求有很大的差异。

**（二）早实核桃与晚实核桃**

是按进入结实期早晚来分类的情况。早实核桃一般在定植后2～3年开始结果；晚实核桃则一般需要3～5年开始结果。就品质而言，早实核桃与晚实核桃的差异，主要体现在具体的品种上，并不是晚实核桃就比早实核桃差。

**（三）薄壳核桃**

这是一个比较笼统的概念。它不是核桃的一个品种，而是指一个群体。优良品种的壳都是较薄的，但壳薄不是品种优良的惟一标准。作为核桃优良品种的指标较多，壳的厚度只是其中之一。核桃壳的厚度并不是越薄越好，如纸皮核桃、漏仁核桃等的壳极薄，这些品种的果实在采收、加工过程中容易破碎。核桃果皮的单宁物质容易污染果实，致使核桃仁的颜色受到影响，降低商品品质。同时，壳太薄容易在漂洗时形成污染，而且壳太薄也不便于运输。

**（四）新疆核桃**

这是源于新疆核桃的统称。新疆是全国核桃的主产区之一。新疆核桃因为具有结果早、果大等特点而闻名中外。一些地方大量调进新疆核桃种子，进行实生育苗造林建园，结果变异严重，品种类型繁多，良莠不齐，劣质品种占到98%以上，造成大量的低产林。现在有些地方仍然用以新疆核桃种子繁殖的实生苗，来发展核桃的生产，这是提高核桃产量和品质的严重障碍。以适生的优良品种嫁接苗造林，实现良种化生产，才是提高核桃产量和品质的关键。

## 第二节　适于标准化栽培的优良品种

### 一、早实品种

**(一)中核1号**

由中国农业科学院郑州果树研究所选育而成。2004年定为优系。

树势中庸，树姿直立，树冠半圆形，分枝力中等。雌先型，极早熟品种，7月中下旬成熟。果枝率为83.7%，侧生果枝率为82.7%，每个果枝平均坐果1.4个。坚果椭圆形，单果平均重11.6克；壳面较光滑，缝合线平，成熟期坚果果顶易开口，壳厚1.0毫米左右。内褶壁退化，横隔膜膜质，极易取整仁。核仁充实饱满，仁乳黄色，味香甜而不涩。出仁率为58%。抗旱，耐瘠薄，结果早。

该品种适应性较强，盛果期产量较高，大小年不明显。坚果光滑美观，品质上等，尤宜带壳销售或作生食用。较抗寒，耐旱，但抗病性较差。适宜在山丘土层较厚和干旱少雨地区集约化栽培。

**(二)中核2号**

由中国农业科学院郑州果树研究所选育而成。2004年定为优系。

树势中庸，树姿开张，树冠半圆形，分枝力强。雌先型，早熟品种，在郑州地区于8月上旬成熟。侧生混合芽率为84.3%，坐果率为85%，以中、短枝结果为主，早期丰产性强。坚果椭圆形，果顶平而微凹，果基扁圆。坚果平均单重16.7克，壳面刻沟浅而稀，较光滑，缝合线平，结合紧密，壳厚1.0

毫米。内褶壁膜质，横隔不发达，极易取整仁，出仁率为55.5%。核仁饱满，有香味，品质上等。

该品种适应性广，抗逆性强，早实，丰产稳产，核仁饱满、味香浓，品质优良。

**（三）中核短枝**

由中国农业科学院郑州果树研究所选育而成。2004年定为优系。

树势中庸，树姿较开张，树冠长椭圆至圆头形。分枝力强，枝条节间短而粗。丰产性好。雌先型，于9月中旬成熟。结果枝属短枝型，侧生混合芽率为92%，每个果枝平均坐果2.64个。坚果圆形，果基平，果顶平，纵径、横径、侧径平均为3.32厘米，平均单重15.3克。壳面光滑，缝合线较窄而平，结合紧密，壳厚1.0毫米。内褶壁膜质，横隔膜膜质，易取整仁。出仁率为63.8%，核仁充实饱满，仁乳黄色，风味佳。

该品种适应性强，特丰产，品质优良，结果早，产量高，一级嫁接苗栽后当年见果，密植园5年每667平方米产量达千斤。适宜密植栽培。

**（四）辽核1号**

由辽宁省经济林研究所经人工杂交培育而成。1980年定名。已在辽宁、河南、河北、陕西、山西、北京、山东和湖北等地大面积栽培。

树势较旺，树姿直立或半开张，树冠圆头形，分枝力强，枝条粗壮密集。丰产性强，有抗病、抗风和抗寒能力。雄先型，中晚熟品种。结果枝属短枝型，侧生混合芽率为90%，坐果率约60%。丰产性强，5年生树平均株产坚果1.5千克，最高达5.1千克。坚果圆形，果基平或圆，果顶略呈肩形，纵径、横径、侧径平均为3.3厘米，平均单重9.4克。壳面较光滑，缝合线微隆起或平，不易开裂，壳厚0.9毫米左右，内褶壁退化。可取整仁，出仁率为59.6%；核仁充实饱满，黄白色。

该品种长势旺，枝条粗壮，果枝率高，丰产性强；适应性强，比较耐寒、耐干旱，抗病性强。坚果品质优良。适宜在土壤条件较好的地方栽培和密植栽培。

**(五)辽核3号**

由辽宁省经济林研究所经人工杂交选育而成。1989年定名。已在辽宁、河南、河北、山西和陕西等地大量栽培。

树势中庸，树姿开张，树冠半圆形。分枝力强，尤其是抽生二次枝的能力强，枝条多密集。抗病、抗风性较强。雄先型，中晚熟品种。结果枝属短枝型，侧生混合芽率为100%，一般坐果率为60%，最高可达80%。丰产性强，5年生树株产坚果2.6千克，最高达4.0千克。坚果椭圆形，果基圆，果顶圆而突尖。纵径、横径、侧径平均为3.15厘米，坚果重9.8克。壳面较光滑，缝合线微隆，不易开裂，壳厚1.1毫米。内褶壁膜质或退化，可取整仁或1/2仁。核仁饱满，浅黄色，风味佳。出仁率为58.2%。

该品种树势中等，树姿较开张，分枝力强，果枝率及坐果率高，抗病性很强，坚果品质优良。适宜在我国北方核桃栽培区发展。

**(六)辽核4号**

由辽宁省经济林研究所经人工杂交选育而成。1990年定名。目前已在辽宁、河南、山西、陕西、河北和山东等地大量栽培。

树势中庸，树姿直立或半开张，树冠圆头形，分枝力强。雄先型，晚熟品种。侧生混合芽率为90%，每果枝平均坐果1.5个。丰产性强，8年生树平均株产坚果6.9千克，最高达

9.0 千克。大小年不明显。坚果圆形，果基圆，果顶圆而微尖。纵径、横径、侧径平均为 3.37 厘米，坚果重 11.4 克。壳面光滑美观，缝合线平或微隆起，结合紧密，壳厚 0.9 毫米。内褶壁膜质或退化，可取整仁。核仁充实饱满，黄白色，出仁率为 59.7%。风味好，品质极佳。

该品种果枝率和坐果率高，连续丰产性强，坚果品质优良。适应性、抗病性极强，抗寒、耐旱。适宜在北方核桃栽培区发展。

**（七）辽核 5 号**

由辽宁省经济林研究所经人工杂产培育而成。亲本为新疆薄壳 3 号的实生株系 20905（早实）×新疆露仁 1 号的实生株系 20104（早实）。原代号为 7244、60801。1990 年定名。已在辽宁、河南、河北、山西、陕西、北京、山东、江苏、湖北和江西等地栽培。

树势中等，树姿开张，分枝力强，枝条密集，果枝极短，平均为 4～6 厘米，属短枝类型。树体矮化，5 年生树高 2.04 米，干径粗 6.4 厘米，冠幅直径 2.5 米。侧芽形成混合芽率为 95%以上。少二次枝，1 年生枝呈绿褐色，节间极短，为 0.5～1.0 厘米。芽为圆形或阔三角形，雄花芽少。每雌花序着生 2～4 朵雌花，坐果率为 55%以上，双果率为 54.5%，三果率为 27.3%，一果和四果率只占 18.2%。果柄极短，为 0.5～1 厘米，青果皮厚 3.0 毫米左右。在辽宁大连地区，4 月下旬或 5 月上旬为雌花盛期，5 月中旬雄花散粉，属于雌先型。5 月下旬或 6 月上旬抽生二次枝，9 月中旬坚果成熟，11 月上旬落叶。抗病性强，果实抗风力强。坚果长扁圆形，果基圆，果顶肩状，微突尖。纵径为 3.8 厘米，横径为 3.2 厘米，侧径为 3.5 厘米，坚果重 10.3 克。壳面光滑，色浅；缝合线宽而平，结合紧密，壳厚1.1毫米。内褶壁膜质，横隔窄或退化，可取整仁或1/2仁。核仁较充实饱满，核仁平均单重5.6克，出仁率为54.4%。核仁浅黄褐色，纹理不明显，风味佳。

该品种树势中等，树姿开张，分枝力强，果枝率高，丰产性特强；抗病，特抗风，坚果品质优良；连续丰产性强。适宜在我国北方核桃栽培区和有大风灾害的地区发展。

**(八)辽核7号**

由辽宁省经济林研究所经人工杂交选育而成。

树势强壮，树姿开张或半开张。分枝力强，果枝率为91.0%，中短果枝较多，一年可抽生两次枝。雄先型。坐果率为60%，双果较多。壳面光滑，壳厚0.9毫米，缝合线窄平，结合紧密。单果平均重10.7克。横隔退化，可取整仁，出仁率为62.6%；仁色黄白，风味佳。

该品种早期产量高，无大小年现象。嫁接易成活，耐寒，抗病。适宜在我国北方核桃产区发展栽培。

**(九)新 纸 皮**

由辽宁省经济林研究所从实生核桃中选育而成。1980年定名。已在辽宁、河南、河北、陕西、山西、北京、山东、湖北和四川等地栽培。

树势中庸，树姿直立或半开张，树冠圆头形。分枝力强。雄先型，晚熟品种。结果枝属短枝型，果枝率约90%。坚果椭圆形，果基圆，果顶微突尖，纵径、横径、侧径平均为3.63厘米。坚果重11.6克。壳面光滑美观，缝合线平或仅顶部微隆起，结合紧密，壳厚0.8毫米左右，内褶壁膜质或退化，极易取整仁，出仁率为64.4%。核仁充实饱满，乳黄色，风味佳。

该品种二次枝抽生结果枝的能力强。在较好的栽培条件下，表现丰产性强。坚果品质优良。适宜在我国北方核桃栽培区发展。

**(十)中林1号**

由中国林业科学研究院林业研究所经人工杂交选育而成。1989年定名。现已在河南、山西、陕西、四川和湖北等地栽培。

中林1号核桃树势较强,树姿较直立,树冠椭圆形。分枝力强,丰产性强。雌先型,中熟品种。侧生混合芽率为90%,每个果枝平均坐果1.39个。丰产,高接在15年生砧木上,第三年最高株产坚果10千克。坚果圆形,果基圆,果顶扁圆。纵径、横径和侧径平均为3.38厘米,坚果重14克。壳面较粗糙,缝合线两侧有较深麻点;缝合线中宽凸起,顶有小尖,结合紧密,壳厚1.0毫米。内褶壁略延伸,膜质;横隔膜膜质。可取整仁或1/2仁,出仁率为54%。核仁充实饱满,乳黄色,风味好。

该品种生长势较强,生长迅速,丰产潜力大。坚果品质中等,适生能力较强。核壳有一定的强度,耐清洗、漂白及运输,尤宜作加工品种。也是理想的材果兼用品种。

**(十一)中林3号**

由中国林业科学研究院林业研究所经人工杂交培育而成。1989年定名。现已在河南、山西和陕西等地栽培。

树势较旺,树姿半开张,分枝力较强。雌先型,中熟品种。侧花芽率在50%以上,幼树2～3年开始结果。丰产性极强,6年生树株产坚果7千克以上。坚果椭圆形,纵径、横径和侧径平均为3.66厘米,坚果重11.0克。壳面较光滑,在靠近缝合线处有麻点。缝合线窄而凸起,结合紧密,壳厚1.2毫米。内褶壁退化,横隔膜膜质,易取整仁。出仁率为60%。核仁充实饱满,乳黄色,品质上等。

该品种适应性强，品质佳。由于树势较旺，生长快，因而也可作农田防护林的材果兼用树种。

**（十二）中林 5 号**

由中国林业科学研究院林业研究所经人工杂交培育而成。1989 年定名。现已在河南、山西、陕西、四川和湖南等地栽培。

树势中庸，树姿较开张，树冠长椭圆至圆头形，分枝力强，枝条节间短而粗，丰产性好。雌先型，早熟品种。结果枝属短枝型，侧生混合芽率为 90%，每个果枝平均坐果 1.64 个。坚果圆形，果基平，果顶平。纵径、横径和侧径平均为 3.22 厘米，坚果重 13.3 克。壳面光滑，缝合线较窄而平，结合紧密，壳厚 1.0 毫米。内褶壁膜质，横隔膜膜质，易取整仁。出仁率为 58%。核仁充实饱满，仁乳黄色，风味佳。

该品种适应性强，特别丰产，品质优良。核壳较薄，不耐挤压，贮藏运输时应注意包装。适宜密植栽培。

**（十三）中林 6 号**

由中国林业科学研究院林业研究所经人工杂交培育而成。1989 年定名。现已在河南、山西和陕西等地栽培。

树势较旺，树姿较开张，分枝力强。侧生混合芽率为 95%，每个果枝平均坐果 1.2 个。较丰产，6 年生树株产坚果 4 千克。坚果略为长圆形，纵径、横径和侧径平均为 3.7 厘米。坚果重 13.8 克。壳面光滑，缝合线中等宽度，平滑且结合紧密，壳厚 1.0 毫米。内褶壁退化，横隔膜膜质，易取整仁。出仁率为 54.3%。核仁充实饱满，仁乳黄色，风味佳。

该品种生长势较旺，分枝力强，单果多，产量中上等。坚果品质极佳，宜带壳销售。抗病性较强。适宜在华北、中南及西南部分地区栽培。

**(十四)香　玲**

由山东省果树研究所经人工杂交选育而成。1989年定名。主要在山东、河南、山西、陕西和河北等地栽培。

树势中庸,树姿直立,树冠半圆形,分枝力较强。嫁接后2年开始形成混合花芽,3～4年后出现雄花。雄先型,中熟品种。果枝率为85.7%,侧生果枝率为81.7%,每个果枝平均坐果1.4个。坚果卵圆形,基部平,果顶微尖。中等大,纵径、横径和侧径平均为3.3厘米,坚果重12.2克。壳面较光滑,缝合线平,不易开裂,壳厚0.9毫米左右。内褶壁退化,横隔膜膜质,易取整仁。核仁充实饱满,出仁率为65.4%。核仁乳黄色,味香而不涩。

该品种适应性较强,盛果期产量较高,大小年不明显。坚果光滑美观,品质上等,尤宜带壳销售或作生食用。较抗寒,耐旱,抗病性较差。适宜在山丘土层较浓厚和平原林粮间作栽培。

**(十五)鲁　光**

由山东省果树研究所经人工杂交选育而成。1989年定名。主要在山东、河南、山西、陕西和河北等地栽培。

树势中庸,树姿开张,树冠半圆形,分枝力较强。嫁接后2年开始形成混合芽,3～4年混合芽出现较多。结果枝属长果枝型,果枝率为81.8%,侧生混合芽率为80.8%,每个果枝平均坐果1.3个。雄先型,中熟品种。坚果长圆形,果基圆,果顶微尖,纵径、横径和侧径平均为3.76厘米,坚果重16.7克。壳面光滑,缝合线平,不易开裂,壳厚0.9毫米左右。内褶壁退化,横隔膜膜质,易取整仁。核仁充实饱满,出仁率为59.1%。仁乳黄色,味香而不涩。

该品种适应性一般,早期生长势较强,产量中等,盛果期产量较高。坚果光滑美观，核仁饱满，品质上等。适宜在土层深厚的山地、丘陵地栽植，亦适宜林粮间作。

**（十六）丰 辉**

由山东省果树研究所经人工杂交选育而成。1989年定名。主要在山东、河南、山西、陕西和河北等地栽培。

树势中庸，树姿直立，树冠圆锥形。分枝力较强，抗病性较强。嫁接后第二年开始形成混合花芽，4年后出现雄花。雄先型，中熟品种。侧生混合芽率为80%，每个果枝坐果1.6个。坚果长椭圆形，基部圆，果顶尖。纵径、横径和侧径平均为3.38厘米，坚果重12.2克左右。壳面光滑，缝合线窄而平，结合紧密，壳厚0.95毫米左右。内褶壁退化，横隔膜膜质，易取整仁。核仁充实饱满、美观。出仁率57.7%。仁黄色，味香而不涩，品质极佳。

该品种适应性强，早期产量较高，盛果期产量中等。坚果光滑美观，核仁饱满，品质上等。抗病害能力较强，但不耐干旱。适宜在土层深厚和有灌溉的立地条件下栽培。

**（十七）鲁 香**

由山东省果树研究所通过杂交选育而成。1989年定为优系。

树势中庸，树姿开张，树冠半圆形。分枝力强。雄先型，早熟品种。侧生混合芽率为86.3%，坐果率为82%，以中、短枝结果为主。早期丰产性强，嫁接在3年生本砧上，第二年株产坚果0.75千克，第四年平均株产坚果3.5千克。坚果倒卵形，果顶平而微凹，果基扁圆。纵径、横径和侧径平均为3.57厘米，坚果重12.7克。壳面刻沟浅、稀，较光滑，缝合线平，结合紧密，壳厚1.1毫米。内褶壁膜质，横隔不发达。可取整仁，出仁率为66.5%。核仁饱满，有香味，品质上等。

该品种适应性广，抗逆性强，早实丰产，核仁饱满，味香浓，品质优良。

**（十八）元　丰**

由山东省果树研究所从引进的新疆早实类群实生树中选育而成。主要栽培于山东、山西、陕西、辽宁、河南和河北等地。

树冠呈半圆形，主枝开张角度为40°～45°，树势中庸。新梢黄绿色，复叶小叶5～7片，全缘，无茸毛。雄先型，雄花量较多。雌雄花芽重叠，常有二次开花结果习性。结果枝组紧凑，结果枝粗短，连续结果率为95.5%。六年生平均株产坚果3.24千克，平均每平方米冠幅投影面积产仁195克。坚果卵圆形，中等大，平均单果重12克左右。壳厚1.15毫米。易取整仁，出仁率为49.7%。仁色深，风味香。

该品种适应性较强，早期产量高，品质优良。适宜在山丘土层深厚处栽培。

**（十九）上宋6号**

由山东省果树研究所于1975年从新疆早实核桃实生优株中选出。1979年定为优系。已在山东、河南、陕西和河北等地栽植。

树势中庸，开张。分枝力中等。侧生混合芽比率为85%，早实型。每个雌花序着生两朵雌花，坐果率为82%；雄花数量多，为雌先型。青果皮深绿色，无茸毛，果柄粗。在山东泰安地区雌花期为4月中旬，雄花期为4月下旬。坚果于8月底成熟。抗病性较差。坚果卵形，纵径为3.99厘米，横径为3.5厘米，坚果重9.67克。壳面光滑，色浅，少有露仁。缝合线窄而平，结合紧密，壳厚1毫米。内褶壁退化，横隔膜膜质，可取整仁。核仁充实饱满，仁色较深，含脂肪70.38%，含蛋白质 21.38%。风味香,有涩味。11 年生母树,年产坚果 10 千克,嫁接五年生株产量 3 千克。

该品种早实丰产性较强,核仁色深,嫁接成活率高,抗病性较差。适宜在土层深厚的立地条件下栽植。

**(二十)岱　香**

由山东省果树研究所于 1992 年,用早实核桃品种辽核 1 号做母本,香玲为父本,进行人工杂交而获得。2003 年通过山东省林木品种审定委员会审定并命名。

坚果圆形,浅黄色,果基圆,果顶微尖。壳面较光滑,缝合线紧密,稍凸,不易开裂。内褶壁膜质,纵隔不发达。坚果纵径为 4.0 厘米,横径为 3.6 厘米,侧径为 3.2 厘米,壳厚 1.0 厘米,单果重 13.9 克。出仁率为 58.9%,易取整仁。内种皮颜色浅,核仁饱满,黄色,香味浓,无涩味;脂肪含量为 66.2%,蛋白质含量为 20.7%,坚果综合品质优良。

树姿开张,树冠圆头形。树势强健,树冠密集紧凑。分枝力强,侧花芽率为 95%,多双果和三果。雄先型。在山东省泰安地区,于 3 月下旬发芽,9 月上旬果实成熟。

该品种适应性广,早实,丰产,优质。在土层深厚的平原地,树体生长快,产量高,坚果大,核仁饱满,香味浓。

**(二十一)岱　辉**

由山东省果树研究所从早实核桃品种香玲实生后代中选出的优良矮化核桃新品种。2003 年通过山东省林木品种审定委员会审定并命名。

树势强健,树冠密集紧凑。分枝力强,坐果率为 77%,侧花芽比率为 96.2%,多双果和三果。坚果圆形,纵径为 4.1 厘米,横径为 3.5 厘米,侧径为 3.8 厘米,壳厚 0.9 毫米。单果重 13.5 克,略大于香玲。仁浅黄色。果基圆,果顶微尖。

壳面光滑,缝合线紧,稍凸,不易开裂。内褶壁膜质,纵隔不发达,易取整仁。核仁饱满,浅黄色,香味浓,不涩。出仁率为59.3%。核仁脂肪含量为65.3%,蛋白质含量为19.8%。在山东省泰安地区,于3月下旬萌芽,4月中旬雄花开放,4月下旬为雌花期。9月上旬果实成熟,果实发育期为120天左右。11月上旬落叶,植株营养生长期为210天。

该品种产量高,坚果大,核仁饱满,适宜在土层深厚的平原地栽培。

**(二十二)岱　丰**

由山东省果树研究所从丰辉核桃实生后代中选出。2000年4月通过山东省农作物品种审定委员会审定。

坚果长椭圆形,果顶尖,果基圆。果实中大型,纵径为4.85厘米,横径为3.52厘米,侧径为3.48厘米,平均坚果重14.5克。壳面较光滑,缝合线较平,结合紧密,壳厚1毫米,可取整仁。核仁充实、饱满、色浅、味香,无涩味。出仁率为58.5%。核仁脂肪含量为66.5%,蛋白质含量为18.5%。坚果品质上等。

树势较强,树姿直立,树冠呈圆头形。枝条粗壮,较密集。混合芽肥大,饱满,无芽座。雌花多双生,腋花芽结实能力强。侧生混合芽比例为87%,雄先型。嫁接后第二年开始结果,大小年不明显。适宜树形为主干疏层形。在修剪上,应注意及时回缩当年生结果枝,短截壮旺枝,疏除重叠、过密枝。在泰安地区,于3月下旬发芽,4月上旬展叶,4月中旬雄花开放,4月20日左右雌花盛开。坚果于8月下旬成熟。

该品种适宜在华北及西部地区的山区和丘陵区栽培。

**(二十三)绿　波**

由河南省林业科学研究所从新疆核桃实生树中选育而

成。1989 年定名。主要在河南、山西、河北、陕西、辽宁、甘肃和湖南等地栽培。

树势较强，树姿开张，分枝力中等，有二次枝。树冠圆头形，连续丰产性强，适宜在土壤较好的地方栽植。雌先型，早熟品种。侧生混合芽率为 80%，每个果枝平均坐果 1.6 个，多为双果，坐果率为 68%。嫁接后 2 年形成雌花，3 年出现雄花，属短枝型。丰产，高接在八年生砧木的上 4 年生树，株产坚果 6.5 千克，最高达 15 千克。坚果卵圆形，果基圆，果顶尖。纵径、横径和侧径平均为 3.42 厘米，坚果重 11 克左右。壳面较光滑，有小麻点，缝合线窄而凸，结合紧密，壳厚 1.0 毫米。内褶壁退化，横隔膜膜质，可取整仁。出仁率为 59%左右。核仁较充实饱满，黄色，味香而不涩。

该品种长势旺，适应性强，抗果实病害，丰产，优质，宜加工核桃仁。适于华北黄土丘陵区栽培。

**(二十四)薄　丰**

由河南省林业科学研究所从河南嵩县山城新疆核桃实生园中选出。1989 年定名。主要在河南、山西、陕西和甘肃等地栽培。

树势强旺，树姿开张，分枝力较强。雄先型，中熟品种。侧生混合芽率达 90%以上。嫁接后第二年即开始形成雌花，第三年出现雄花。坐果率在 64%左右，多为双果。嫁接苗 2 年开始结果，四年生树株产坚果 4 千克，五年生树株产坚果 7 千克，六年生树株产坚果 15 千克。坚果重 13 克左右。壳面光滑，缝合线窄而平，结合较紧密，外形美观，壳厚 1.0 毫米。内褶壁退化，横隔膜膜质，可取整仁。出仁率为 58%左右。味浓香。

该品种适应性强，耐旱，坚果外形美观，商品性能好，品质优良。适宜在华北、西北丘陵山区栽培。

**(二十五)陕核1号**

由陕西省果树研究所从扶风县隔年核桃实生群体中选出。1989年定名。已在陕西、河南、辽宁和北京等地栽培。

树势较强,树姿半开张,树冠半圆头形,为短枝型品种。分枝力强,丰产性和抗病性均好。雄先型,中熟品种。侧生混合芽率为47%,每个果枝坐果1.36个。坚果近圆形,纵径、横径和侧径平均为3.48厘米,坚果重11.8克。壳面光滑,壳厚1.09毫米。可取整仁或1/2仁。核仁乳黄色。出仁率为60%。风味好。

该品种以短果枝结果,丰产;但坚果较小。适宜加工销售,可在西北、华北核桃栽培区栽培。

**(二十六)陕核5号**

由杨卫昌等人从新疆早实核桃实生树中选出。在陕西陇县、眉县和商洛等地成片栽植。现已在河南、山西、北京、辽宁和山东等地栽植。

树势旺盛,树姿半开张。14年生母树高8.3米。枝条长而较细,分布较稀。分枝力为1∶4.6,侧生混合芽比例为100%。平均每个果枝坐果1.3个。雌先型。在陕西4月上旬发芽;4月下旬雌花盛开;雄花散粉始于5月上旬。9月上旬坚果成熟,9月下旬开始落叶。坚果中等偏大,长圆形。坚果重10.7克。壳薄,有时露仁,取仁极易,可取整仁。仁重5.9克。出仁率为55%。仁色浅,风味甜香,粗脂肪含量为69.07%。品质优良,较丰产,树冠垂直投影核仁产量为143克/平方米。

该优系树体生长快,坚果品质优良,但早期丰产性较差,核仁常不充实。适宜在肥水条件较好的条件下栽植,或与农作物间种。

**(二十七)西扶1号**

由原西北林学院从陕西扶风县隔年核桃实生后代中选育而成。1989年定名。在陕西、河南、河北、山西、甘肃和北京等地栽培。

树势中庸,树姿较开张,树冠圆头形。分枝力中等,丰产性及抗病性均强。雄先型,晚熟品种。侧生混合芽率为90%,长、中、短果枝比例为25∶55∶20。每个果枝平均坐果1.29个。坚果长圆形,果基圆形。纵径、横径和侧径平均为3.17厘米,坚果重12.5克。壳面光滑,缝合线窄而平,结合紧密,壳厚1.2毫米。内褶壁退化,横隔膜膜质,易取整仁。出仁率为53.0%。核仁充实饱满,味甜香。

该品种适应性强,早期丰产性好,有较强的抗性,适宜于在华北、西北及秦巴山区等地栽培。

**(二十八)西林2号**

由原西北林学院从早实、薄壳、大果核桃实生后代中选育而成。1989年定名。该品种主要栽培于陕西、河南和宁夏等地。

树势强健,树姿开张,树冠呈自然开心形。分枝力强,节间短。雌先型,早熟品种。侧生混合芽率为88%,每个果枝平均坐果1.2个,长、中、短果枝比为35∶35∶30。坚果圆形,纵径、横径和侧径平均为3.94厘米,坚果重14.2克。壳面光滑,略有小麻点。缝合线窄而平,结合紧密,壳厚1.21毫米。内褶壁退化,横隔膜膜质,易取整仁。核仁充实饱满,出仁率为61%。核仁呈乳黄色,味脆而甜香。

该品种生长势强,早实丰产,适应性较强。坚果个大均匀,品质优良,宜生食。适宜于华北、西北及平原地区栽培。

### (二十九)温 185

由原新疆维吾尔自治区林业科学院在阿克苏市温宿县薄壳核桃实生群体中选出。1989 年定名。主要在新疆阿克苏和喀什等地栽培;现已在河南、陕西、山东和辽宁等地栽培。

树势较强,树姿较开张。枝条粗壮,发枝力极强,有二次枝。雌先型,早熟品种。侧生混合芽率为 100%,每个果枝平均坐果 1.71 个。坚果圆形或长圆形,果基圆,果顶渐尖,纵径、横径和侧径平均为 3.4 厘米,坚果重 15.8 克。壳面光滑,缝合线平或微凸起,结合紧密,壳厚 0.8 毫米。内褶壁退化,横隔膜膜质,易取整仁。出仁率为 65.9%。核仁充实饱满,乳黄色,味香。

该品种抗逆性强,早期丰产性极好,坚果品质极优。对肥水条件要求较高,适宜密植栽培。

### (三十)新 早 丰

由新疆维吾尔自治区林业科学院从阿克苏市温宿县早丰、薄壳核桃实生群体中选出。1989 年定名。主要在新疆阿克苏市、喀什市与和田市等地栽培;现已在河南、陕西和辽宁等地栽培。

树势中庸,树姿开张。树冠圆头形,分枝力极强。雄先型,中熟品种。侧生混合芽率为 97%,每个果枝平均坐果 2 个。一年生枝条粗壮。短果枝占 43.8%,中果枝占 55.6%,长果枝占 0.6%。坚果椭圆形,果基圆,果顶渐小,突尖。纵径、横径和侧径平均为 3.54 厘米,坚果重 13.1 克。壳面光滑,缝合线平,结合紧密,壳厚 1.23 毫米。内褶壁革质。出仁率为 51.0%。核仁饱满,乳黄色,味香,品质中上等。

该品种发枝力强,坚果品质优良,早期丰产性好,较耐干旱,抗寒、抗病性较强。适宜在肥水条件较好的地区栽培。

### (三十一)阿扎(343号)

由新疆维吾尔自治区林业科学院从核桃实生群体中选育而成。1989年定名。主要在新疆阿克苏市、喀什市与和田市等地栽培;现已在河南、陕西和辽宁等地栽培。

树势旺盛,树姿开张,树冠圆头形,发枝力强。雄先型,中熟品种。结果枝属中短枝型,侧生混合芽率为93%。实生树2～3年生或嫁接后2年出现雌花。丰产性强,高接在17年生的砧木上,第二年开始结果,第四年平均株产坚果5.14千克。坚果椭圆或卵圆形,果基圆,果顶小而圆。纵径、横径和侧径平均为3.7厘米,坚果重16.4克。壳面光滑,缝合线窄而平,结合较紧密,壳厚1.16毫米。内褶壁和横隔膜膜质,易取整仁。出仁率为54.0%。乳黄至浅琥珀色,味香。在肥水条件较差时,核仁常不饱满。

该品种适应性强,产量高而稳。坚果外观美观,适宜带壳销售。雄花先开,花粉量大,花期长,是雌先型品种理想的授粉品种。

### (三十二)新巨丰

由张树信等于1983年,从新疆温宿县木本粮油林场和春4号实生后代中选出。1989年定名。原代号为温246号。主要栽培于新疆阿克苏和山西等地。

树势强,树姿开张,发枝力强,为1∶3.7;果枝率为81.1%。一年生枝条绿褐色,枝条粗壮。短果枝占16.3%,中果枝占56.1%,长果枝占27.6%。混合芽大而饱满,复叶有3～9片小叶。砧苗嫁接后2年开始开花,雌花序可着生1～3朵雌花。其中单果占52.9%,双果占35.3%,3果占11.8%,少有4果。果枝平均着果1.8个。雌先型。雌花期为4月下旬至5月上旬,比雄花散粉期早8～10天。于9月下旬坚果成熟，11 月上旬落叶。较耐干旱和盐碱，抗病，抗寒。坚果大，椭圆形，果基圆，果顶圆稍细，微尖。纵径为 7 厘米，横径为 4.6 厘米，侧径为 4.9 厘米，平均为 5.5 厘米。坚果重 29.2 克。壳面较光滑，色较浅。缝合线微隆起，结合紧密，壳厚 1.38 毫米。内褶壁革质，横隔革质，易取整仁。出仁率为 48.5%，核仁重 14.15 克。核仁色较深，味甜香，但核仁基部不甚饱满。

该品种树势强，抗逆性强，产量高，坚果特大，但核仁基部不饱满；充实度稍差。适宜在水肥较好的立地上栽培。

**(三十三)晋　香**

由山西省林业科学研究所从祁县新疆核桃实生树中选育出。1991 年定名。主要在山西、河南、陕西和辽宁等地栽培。

树势强健，树姿较开张，树冠矮小，半圆形，分枝力强。14 年生母树年产坚果 12 千克左右。嫁接苗两年结果，6 年生树株产核桃 4 千克。坚果圆形，纵径、横径和侧径平均为 3.57 厘米，坚果重 11.5 克。壳面光滑美观，缝合线平，结合较紧密，壳厚0.82 毫米。内褶壁退化，横隔膜膜质，可取整仁。出仁率为 63%左右。仁饱满，乳黄色，味香甜。

该品种丰产性强，坚果美观，出仁率高，生食、加工皆宜。抗寒、耐旱、抗病性强，适宜矮化密植栽培。要求肥水条件较高，适宜在我国北方平原或丘陵区土肥水条件较好的地块栽培。

**(三十四)晋　丰**

由山西省林业科学研究所从祁县新疆核桃实生树中选育出。1991 年定名。主要在山西、河南、陕西和辽宁等地栽培。

树势中庸，树姿较开张，树冠半圆形，干性较弱而短果枝较多，分枝力为 2.02，果枝率为 84.38%，每个果枝平均坐果

1.56个。雄先型。坚果圆形,中等大,单果平均重11.34克。壳面光滑美观,壳厚0.81毫米,微露仁,缝合线较紧。可取整仁,出仁率为67%。仁色浅,风味香,品质上等。

该品种丰产,稳产,需要注意疏花疏果。耐寒,耐旱,较抗病。

**(三十五)薄 壳 香**

由北京市农林科学院林果研究所从新疆核桃初生园中选出。1984年定名。主要栽培于北京、山西、陕西、辽宁和河北等地。

坚果长圆形,果顶凹。纵径、横径和侧径平均为3.58厘米,坚果重12.0克。壳面较光滑,有小麻点,色较深。缝合线较窄而平,结合紧密,壳厚1.2毫米。内褶壁退化,横隔膜膜质,易取整仁。出仁率为59%。核仁充实饱满,仁色浅,风味香,品质上等。

树势较旺,树姿较开张,分枝力中等。雌、雄花同熟,晚熟品种。侧花芽率为70%,幼树2~3年开始结果。丰产性较强,18年生砧木,高接第二年开始结果,第三年株产量为3.7千克。该品种较耐干旱和瘠薄土壤,在北京地区不受霜冻危害。树干溃疡病及果实炭疽病、黑斑病发生率很低。在太行山区易受核桃举肢蛾的危害。

该品种适应性强,早期产量较低,盛果期产量中等。坚果品质特优,尤宜带壳销售,作生食用。适宜在华北地区栽培。

**(三十六)京861**

由北京市农林科学院林果研究所从引自新疆核桃种子的实生苗中选育而成。1989年通过林业局鉴定。主要栽培于北京、山西、陕西、河南、辽宁和河北等地。

坚果长圆形,中等个大,平均单果重11.24克,最大单果重 13.0 克。壳面光滑美观，壳厚 0.99 毫米，缝合线紧，偶尔有露仁果，可取整仁。出仁率为 59.39%。仁色浅，风味香，品质上等。

植株生长势强，树姿较开张，树冠圆头形，叶中大偏小，深绿色。雌先型。在晋中地区，于 4 月上旬萌芽，4 月下旬雌花开放，4 月底至 5 月初雄花开放，9 月上旬果实成熟，11 月上旬落叶。果实发育期为 125 天，营养生长期为 215 天。

该品种适应性较强，较抗寒，耐旱，不抗病。丰产性强，结果过多，果个易变小。适宜在华北干旱山区矮化密植栽培，但应注意科学栽培管理。

## 二、晚实品种

### （一）礼品 1 号

由辽宁省经济林研究所从新疆纸皮核桃的实生后代中选出。1989 年定名。已在辽宁、河南、北京、河北、山西、陕西和甘肃等地栽培。

树势中庸树姿开张，分枝力中等。雄先型，中熟品种。实生树六年生或嫁接树 3 年生出现雌花，6～8 年生以后出现雄花，丰产性中等。果枝率为 50%左右，每个果枝平均坐果 1.2 个，坐果率在 50%以上，属长果枝型。坚果长圆形，基部圆，顶部圆而微尖。坚果大小均匀，果形美观。纵径、横径和侧径平均为 3.6 厘米，坚果重 9.7 克左右。壳面刻沟极少而浅，缝合线平且紧密，壳厚 0.6 毫米左右。内褶壁退化，可取整仁。种仁饱满，种皮黄白色。出仁率为 70.0%。品质极佳。

该品种坚果大小一致，壳面光滑，取仁极易，出仁率高，品质极佳，常作为馈赠亲友的礼品。抗病耐寒，适宜北方栽培区发展。

### (二)礼品 2 号

由辽宁省经济林研究所从新疆纸皮核桃的实生后代中选出。1989 年定名。已在辽宁、河北、北京、山西和河南等地扩大栽培。

树势中庸,树姿半开张,分枝力较强。雌先型,中熟品种。实生树六年生或嫁接树四年生开花结果,高接后 3 年结果,结果母枝顶部抽生 2～4 个结果枝,果枝率 60%左右,属中、短果枝型,每个果枝平均坐果 1.3 个,坐果率在 70%以上,多双果。丰产,15 年生母树年产坚果 14.6 千克,10 年生嫁接树株产坚果 5.4 千克。坚果较大,长圆形,果基圆,顶部圆微尖。纵径、横径和侧径平均为 4.0 厘米,坚果重 13.5 克。壳面较光滑,缝合线窄而平,结合较紧密,但轻捏即开,壳厚 0.7 毫米。内褶壁退化,极易取整仁。出仁率为 67.4%。仁饱满,品质好。

该品种丰产抗病,坚果大,壳极薄,出仁率高,属纸皮类。适宜在我国北方核桃栽培区发展。

### (三)晋龙 1 号

由山西省林业科学研究所从实生核桃群体中选出。1990 年定名。主要栽培于山西、北京、山东、陕西和江西等地。

幼树树势较旺,结果后逐渐开张。树冠圆头形,分枝力中等。嫁接后 2～3 年开始结果,3～4 年后出现雄花。雄先型。果枝率为 45%左右。果枝平均长 7 厘米,属中、短果枝型。每果枝平均坐果 1.5 个,坐果率为 65%左右,多双果。坚果近圆形,果基微圆,果顶平。纵径、横径和侧径平均为 3.82 厘米,坚果重 14.85 克。壳面较光滑,有小麻点。缝合线窄而平,结合较紧密,壳厚 1.09 毫米。内褶壁退化,横隔膜膜质,易取整仁。出仁率为 61%。仁饱满,黄白色,品质上等。

该品种果型大，品质优，适应性强，二年生嫁接苗开花株率达 23%，抗寒，耐旱，抗病性强。适宜在华北、西北丘陵山区发展。

**(四)晋龙 2 号**

由山西省林业科学研究所从实生核桃群体中选出。1990 年定名。主要在山西、山东和北京等地栽培。

树势强，树姿开张，树冠半圆形。雄先型，中熟品种。果枝率为 12.6%，每个果枝平均坐果 1.53 个。嫁接苗 3 年开始结果，八年生树株产坚果 5 千克左右。坚果近圆形，纵径、横径和侧径平均为 3.77 厘米，坚果重 15.92 克。缝合线窄而平，结合紧密，壳面光滑美观，壳厚 1.22 毫米。内褶壁退化，横隔膜膜质，可取整仁。出仁率为 56.7%。仁饱满，淡黄白，风味香甜，品质上等。

该品种果型大而美观，生食、加工皆宜，丰产、稳产，抗逆性强。适宜在华北和西北丘陵山区发展。

**(五)晋薄 1 号**

由山西省林业科学研究所从晚实实生核桃中选出。1991 年定名。主要栽培于山西、山东和河南等地。

树冠高大，树势强健，树姿开张，树冠半圆形，分枝力强。中熟品种。每个雌花序多着生两朵雌花，双果较多。坚果长圆形。纵径、横径和侧径平均为 3.38 厘米，坚果重 11.0 克。壳面光滑美观，缝合线窄而平，结合紧密，壳厚 0.86 毫米。内褶壁退化，横隔膜膜质，可取整仁。出仁率为 63%左右。仁乳黄色，饱满，风味香甜，品质上等。

该品种坚果品质极优，果形美观，壳薄、仁厚。生食与加工皆宜。高接 3 年开始结果，较丰产，抗性强。适宜在华北、西北丘陵山区发展。

**(六)晋薄2号**

由山西省林业科学研究所从晚实实生核桃中选出。1991年定名。主要栽培于山西、山东和河南等地。

树势中庸，树冠中大，树冠圆球形，分枝力较强。雄先型，中熟品种。以短果枝结果为主，每个雌花序多着生2～3朵花，双果、三果较多。坚果圆形，纵径、横径和侧径平均为3.67厘米，坚果重12.1克。壳厚0.63毫米。表皮光滑，少数露仁。内褶壁退化，可取整仁。出仁率为71.1%。仁乳黄色，饱满，风味香甜，品质上等。

该品种坚果品质极优，出仁率高，生食与加工皆宜。高接后3年开始结果。抗寒，耐旱，抗病性强。适宜在华北、西北丘陵山区发展。

**(七)纸皮1号**

由山西省林业科学研究所从实生群体中选出。

树势较强，树姿开张，主干明显。雄先型。坚果长圆形，果形端正，顶部微尖，基部圆，缝合线平，壳面光滑。单果重11.1克，壳厚0.86毫米，可取整仁。出仁率为66.5%。仁黄白色，味浓香，品质好。

该品种丰产稳产，品质好，出仁率高，适应性强。适宜在华北、西北地区栽培。

**(八)西洛1号**

由原西北林学院从陕西洛南县核桃实生园中选出。1984年定名。主要在陕西、甘肃、山西、河南、山东、四川和湖北等地栽培。

树势中庸，树姿直立，盛果期较开张，分枝力较强。雄先型。晚熟品种。侧生混合芽率为12%，果枝率为35%，长、中、短果枝的比例为40∶29∶31。坐果率为60%左右，多为双果。坚果近圆形，果基圆形。纵径、横径和侧径平均为3.57厘米，坚果重13克。壳面较光滑。缝合线窄而平，结合紧密，壳厚1.13毫米。内褶壁退化，横隔膜膜质，易取整仁。出仁率为57%。核仁充实饱满，风味香脆。

该品种果实大小均匀，品质极优。适宜在秦岭大巴山区，黄土高原以及华北平原地区栽培。

**(九)西洛2号**

由原西北林学院从陕西洛南县核桃实生园中选出。1987年定名。该品种已在陕西、河南、四川、甘肃、山西和宁夏等地栽培。

树势中庸。树姿早期较直立，以后多开张，分枝力中等。雄先型，晚熟品种。侧生混合芽率为30%，果枝率为44%，长、中、短果枝的比例为40∶30∶30。坐果率为65%，其中85%为双果。坚果长圆形，果基圆形。纵径、横径和侧径平均为3.6厘米，坚果重13.1克。壳面较光滑，有稀疏小麻点。缝合线平，结合紧密，壳厚1.26毫米。内褶壁退化，横隔膜膜质，易取仁，出仁率为54%。核仁充实饱满，乳黄色，味甜香，不涩。

该品种有较强的抗旱、抗病性，耐瘠薄土壤。坚果外形美观，核仁甜香。在不同立地条件下均表现丰产。适宜于秦岭大巴山区、西北、华北地区栽培。

**(十)秦核1号**

由陕西省果树研究所主持的全省核桃选优协作组选出。

树势旺盛，丰产性强。长果枝型。坚果壳面光滑美观，纵径、横径和侧径平均为3.7厘米，坚果重14.3克，果壳厚1.1毫米，仁饱满。出仁率为53.3%。秦核1号品质好，丰产稳产，适应性强。

**(十一)豫 786**

由河南省林业科学研究所 1978 年选择获得的优良单株。1988 年定为优系,并在河南省核桃主要产区扩大试种。

树势中庸,树姿较开张,分枝力中等。雌先型,早熟品种。坐果率为 80%左右,以短果枝结果为主,果枝短而细。嫁接后 3 年结果,5 年株产坚果 2 千克。坚果方圆形,纵径、横径和侧径平均为 3.6 厘米,坚果重 12 克左右。壳面光滑,缝合线平,结合紧密,壳厚 1.1 毫米。内褶壁退化,横隔膜膜质,可取整仁。出仁率为 56%。核仁充实饱满,色浅黄,味香甜而不涩。

该优系坚果品质优良,丰产,抗果实病害。适宜在西北、华北丘陵山区发展。

**(十二)北京 746 号**

由北京市农林科学院林果研究所从晚实核桃实生后代中选出。1986 年定名。该品种主要栽培于北京、山西、河北和河南等地。

树势较强,树姿较开张,分枝力中等。雄先型。中熟品种。每个母枝平均发枝 2.1 个。侧生混合芽率为 20%左右,侧枝果枝率为 10%左右。坐果率在 60%左右,双果率为 70%左右。高接后两年即形成混合花芽,3 年后出现雄花。坚果圆形,果基圆,果顶微尖。纵径、横径和侧径平均为 3.3 厘米,坚果重 11.7 克。壳面光滑,外观较好。缝合线窄而平,结合紧密,壳厚 1.2 毫米。内褶壁退化,横隔膜革质,易取整仁。出仁率 54.7%。仁饱满,乳白色,风味佳,浓香不涩。

该品种抗病,适应性强。产量高,连续结果能力强。坚果中等大小,品质优良,出仁率高,宜带壳销售。适宜在华北地区栽培。

## 三、铁(泡)核桃品种

### (一)泡核桃

树势较旺盛，树姿较开张。适宜在年平均气温12℃以上、生长期240天以上的地区种植。发芽较早，雄先型。多顶芽结果。嫁接树第七年开始结果。坚果扁圆形，平均重12.5克。壳面有浅麻点；缝合线窄而凸起，结合紧密，易取整仁，出仁率为55%。核仁充实，饱满，色乳黄，风味香。

该品种开始结果晚，寿命长，百年大树仍结实累累，是云南省的主要栽培品种。

### (二)黔1号

由贵州省林业科学研究所经实生选育而成。树势旺盛，树姿直立。适宜在年平均气温12℃以上、生长期230天以上的地区种植。发芽较晚，雄先型。单果圆形，坚果重8.4克。壳面有浅麻点；缝合线窄而凸起，结合较紧密。易取整仁，出仁率为63%。核仁充实，饱满，乳黄色，风味香。

该品种较丰产，坚果虽小却质优。适宜在西南高原黄棕壤土和黄壤土等地区种植。

### (三)黔2号

由贵州省林业科学研究所经实生选育而成。树势旺盛，树姿直立。适宜在年平均气温12℃以上、生长期230天以上的地区种植。发芽较晚，雄先型。嫁接树第二至第四年开始结果。8年后进入盛果期。坚果圆形，单果重13克。壳面有浅麻点。缝合线窄而平，结合紧密，易取整仁。出仁率为59%。核仁充实，饱满，乳黄色，风味香。

该品种抗旱性强，早期丰产，抗病性强。适宜在西南高山地区种植。

### (四)黔3号

由贵州省林业科学研究所经实生选育而成。树势中等，树姿直立。适宜在年平均气温12℃以上、生长期200天以上的地区种植。发芽较晚，雄先型。嫁接树第二至第四年开始结果。坚果圆形，单果重10.3克。壳面有浅麻点。缝合线窄而凸起，结合紧密，较易取整仁。出仁率为67%。核仁充实，饱满，乳黄色，风味香。

该品种适应性强，早期丰产，抗病性强。适宜在西南高山地区种植。

### (五)云新系列

为铁核桃和核桃的杂交种。嫁接树第二年开始结果，5年后进入盛果期。适宜在年平均气温12℃以上、生长期220天以上的地区种植。发芽较早，雌先型。坚果长圆球形，单果重13克。壳面比较光滑，有浅麻点。缝合线凸起，结合紧密，较易取整仁，出仁率为52%。核仁充实，饱满，乳黄色，风味香。

该品种适应性强，早期丰产，抗病性强。适宜在西南海拔1 600～2 100米处种植。

## 四、国外优良核桃品种

### (一)清　香

产地日本。由日本清水直江从晚实核桃的实生群体中选出。1948年定名。

树势中庸，树姿半开张。幼树期生长较旺，结果后树势稳定。雄先型，晚熟品种。一般仅顶芽能够结实，结果枝占60%以上。连续结果能力强，坐果率在85%以上，丰产。发枝率为1∶2.3，双果率高。丰产性强，嫁接后3年结果，5年丰产，667平方米产坚果278千克。坚果椭圆形，外形美观，单果重14.3克。缝合线紧密，极耐漂洗，壳厚1.0毫米。内隔膜退化，可取整仁。出仁率为53%左右。仁饱满，色浅黄，风味香甜，无涩味。

该品种树势强健，抗旱耐瘠薄，对土壤要求不严。开花晚，抗晚霜。中熟品种。对炭疽病、黑斑病抵抗能力较强。果型大而美观，核仁品质好，丰产性强。适宜在华北、西北、东北南部及西南部分地区大面积发展。

**(二)强 特 勒**

产地美国。为美国主栽早实核桃品种，1984年引入我国。

树势中庸，树姿较直立，小枝粗壮，节间中等。发芽晚，雄先型。侧生混合芽率90%以上。适宜在年平均气温11℃以上、生长期220天以上的地区种植。嫁接树第二年开始结果，4～5年后形成雄花序。坚果长圆形，纵径、横径和侧径平均为4.4厘米，单果重11克，壳面光滑，色较浅；缝合线窄而平，结合紧密，壳厚1.5毫米，易取整仁。出仁率为50%。核仁充实，饱满，色乳黄，风味香。

该品种适应性强，产量中等，核仁品质极佳，较耐高温。发芽晚，抗晚霜。适宜在有灌溉条件的深厚土壤上种植。

**(三)彼 得 罗**

产地美国。1984年引入我国。

坚果大，长椭圆形，单果重12克。壳面较光滑，缝合线略凸起，结合紧密，壳厚约1.6毫米。易取仁，出仁率为48%。

该品种坚果较大，发芽晚，抗晚霜危害。为晚熟品种。适宜在生长期200天以上的地区栽培。

**(四)维　纳**

产地美国。为美国主栽品种，1984年引入我国。

树体中等大小，树势强，树姿较直立。侧生混合芽率在80%以上，早实型品种。雄先型，中熟品种。坚果锥形，果基平，果顶渐尖，单果重11克。壳厚1.4毫米，光滑。缝合线略宽而平，结合紧密。易取仁，出仁率为50%。

该品种适应华北核桃栽培区的气候，抗寒性强于其他美国栽培品种。早期丰产性强。

**(五)特 哈 玛**

产地美国。1984年引入我国。

树势较旺，树姿直立。雄先型，晚熟品种。坚果椭圆形，单果重11克。壳面较光滑，缝合线略凸起，结合紧密，壳厚1.5毫米。易取仁，出仁率为50%以上。

该品种适宜作农田防护林。发芽较晚，可免遭春季晚霜危害。适合在北京及其以南地区栽培。

**(六)希　尔**

产地美国。是美国20世纪70年代的主栽品种。1984年引入我国。

坚果大，略椭圆形，单果重12克。壳薄，约1.2毫米，壳面较光滑，缝合线结合较紧密。易取仁，出仁率为59%。

该品种坚果较大，品质优良，树势旺盛，但落花较严重，丰产性差。适宜作防护林林果材兼用树种。

## 第三节　优良砧木

### 一、优良砧木的标准

我国地域辽阔，核桃在我国的分布范围相当广泛，北至辽宁、新疆，南至云南，核桃的砧木也不尽相同。所选用要充分考虑本地的实际情况，并符合以下基本要求：适应性强，耐寒，耐旱，耐瘠薄，抗病；与嫁接品种亲和力强，嫁接成活率高，无小脚现象。

## 二、常用的优良砧木

我国核桃砧木种类有以下七种：核桃、铁核桃、核桃楸、野核桃、麻核桃、吉宝核桃和心形核桃。目前，应用较多的为前四种。此外，枫杨虽不是核桃属，亦可作核桃的砧木。

### （一）核　桃

以核桃作砧木，也叫共砧或本砧。嫁接亲和力强，成活率高，嫁接树生长和结果良好，在国外还有抗黑斑病的报道。目前，这种砧木为我国北方地区普遍采用。但应注意种子来源尽可能一致，以免后代个体差异太大，影响嫁接品种的生长和结果。

### （二）铁 核 桃

铁核桃的野生类型，亦称夹核桃、坚核桃和硬壳核桃等。它与泡核桃是同一个种的两个类型。主要分布在我国西南各省。坚果壳厚而硬，果小，出仁率低，为20%～30%，商品价值也低。但它是泡核桃、娘青核桃、三台核桃、大白壳核桃和细香核桃等优良品种的良好砧木。在我国云南、贵州等地应用较多，应用历史也很久。

### （三）核 桃 楸

核桃楸，又称楸子、山核桃等。主要分布在我国东北和华北各地。耐寒，耐旱，耐瘠薄，是核桃属中最耐寒的一个种。适于北方各省栽植。从栽植情况看，核桃楸在生产上用作砧木还存在一些问题，如实生苗作砧时，其嫁接成活率和保存率均不如核桃本砧高；大树高接部位高时易出现“小脚”现象等。

**(四)野 核 桃**

野核桃,主要分布于江苏、湖北、云南、四川和甘肃等省,被当地用作核桃砧木。适于山地和丘陵地区生长。

**(五)枫杨(*Pterocaryastenoptera* C.DC.)**

枫杨,又名枰柳、麻柳和水槐树等。在我国分布很广,多生于湿润的沟谷及河滩地,根系发达,适应性较强。山东省在200 多年前就用枫杨嫁接核桃,但枫杨嫁接核桃的保存率很低,不宜在生产上大力推广。

# 第三章　核桃良种壮苗标准化繁育

栽培良种壮苗是核桃高效优质生产的基础和前提。由于核桃树具有生产结果周期长的特性，种苗质量优劣会影响产量和品质几年、甚至几十年。因此，通过标准化手段繁育核桃良种嫁接壮苗，是提高核桃栽培效益的切入点。抓好了这个环节，核桃的优质丰产就有了可靠的基础。进行核桃标准化生产，首先就要搞好核桃良种壮苗的标准化繁育工作。

## 第一节　核桃良种嫁接苗标准

为提高建园时的栽植成活率和整齐度，要求核桃良种嫁接苗，接口愈合良好，苗木粗壮，充分木质化，无冻害、风干、机械损伤以及病虫危害等。苗根的劈裂部分粗度在 0.3 厘米以上时要剪除。核桃嫁接苗质量等级的国家行业标准如表 3-1 所示。

**表 3-1　核桃嫁接苗的质量等级＊**

| 项　　目 | Ⅰ级 | Ⅱ级 |
| --- | --- | --- |
| 苗高(厘米) | ＞60 | 30～60 |
| 基茎(厘米) | ＞1.2 | 1.0～1.2 |
| 主根保留长度(厘米) | ＞20 | 15～20 |
| 侧根条数 | ＞15 | |

＊引自国家林业局标准 LY1329－1999

## 第二节 核桃苗圃的建立

### 一、苗圃地选择的标准

**(一)土壤条件**

土壤是繁育良种壮苗的基础,苗圃地土壤要求耕作层深厚,土壤疏松透气,团粒结构良好,腐殖质含量高,pH 值中等或微酸。

**(二)地理位置和交通条件**

圃地要选在城郊,交通便利的地方。要求背风向阳,供、排水渠道和水电线路等基础设施较好,便于苗木管理和运输销售。

**(三)水电供给条件**

苗圃生产需水量大,城市自来水成本高,一般不作为生产用水。场地周边应有供灌溉和能够饮用的无污染的自然水源。专业苗圃要求就近有足够容量的供电线路。

核桃苗圃忌积水。苗圃周围要有排水沟,或用水泵排水,防止积水。

**(四)用工条件**

专业型核桃苗圃,多使用有技术的固定工人,但在不同的季节对临时雇工的需求变化较大,且因销售量和施工业务的时间不确定,常需要短时间大量用工。因此,圃地周边要有丰富的、廉价的劳动力资源。

**(五)风险防范条件**

不同的生产项目,有不同的风险防范。但种植业普遍的自然风险防范条件是相同的,如不在山口风力集中处、洪水淹没区、冰雹多发区建圃，不在城市扩大城郊地带和干道边建圃，因为这些地方常被建设征地。

### 二、苗圃的建立

苗圃地选定之后，为了合理利用土地，要根据已有的资料，如地图、气象、土壤、地形、水文、病虫害情况与排灌有关的水利技术资料、育苗品种的特性、育苗方法和每年计划生产任务等，将土地进行合理的区划和设计。把所需的生产用地和辅助用地进行合理的布局。

核桃苗圃地，要规划出播种区（即培育苗木的生产区）、采穗圃、道路、排灌系统和包括办公室、宿舍、仓库与种子贮藏室等在内的办公用房。

## 第三节　核桃良种嫁接苗培育技术

### 一、嫁接技术标准

无论采用哪种嫁接方法，都必须遵循以下技术标准，才能保证尽可能高的嫁接成活率。

#### （一）形成层要对齐靠紧

无论是枝接还是芽接，砧穗的形成层都要对齐靠紧。因为嫁接成活主要是靠形成层产生愈伤组织，进而形成输导组织，最后形成一棵完整的植株。所以，砧穗形成层对得齐，靠得近，愈伤组织产生得快，输导组织就容易形成，嫁接成活率就高。反之，形成层对不齐，离得远，愈伤组织就产生得慢，还不等输导组织形成，接穗就已经死亡。这是需要尽量加以防止的。

### (二)嫁接时间要选好

嫁接时间很关键,因为愈伤组织的产生要求有一定的温度范围。核桃愈伤组织产生较多的平均温度是 26℃左右。时间选好,温度适宜,愈伤组织产生的就多而快,成活率就高。反之,成活率就低。

### (三)嫁接方法要得当

嫁接方法是提高成活率的一个重要环节。芽接用大方块形芽接,枝接用双舌接与插皮接,成活率就高。用其他方法嫁接成活率就低。

### (四)绑扎材料要选对

芽接用麻皮、塑料条绑扎,弹性小,密封不严,成活率低;用 0.005 毫米厚及 0.007 毫米厚的微膜(地膜)绑扎,弹性大,密封严,成活率高。

### (五)绑扎松紧要适度

进行枝接,由于接穗、砧木木质化程度高,所以,一般绑扎得越紧,成活率越高;反之成活率越低。芽接由于接芽及砧木木质化程度低,芽片直接与形成层细胞接触,如果绑扎过紧,压坏接穗和砧木的大量薄壁细胞,成活率就低;绑扎太松,接穗与砧木间的空间太大,延长了砧穗愈伤组织的结合时间,成活率也低。只有松紧适度,既使砧穗形成层紧靠,又很少压坏形成层细胞,砧穗细胞活力大,愈伤组织产生得快而且数量大,砧穗结合在一起的时间短,能很快形成输导组织,成活率就高。

### (六)要把好砧穗质量关

无论是枝接还是芽接,都要把好砧穗质量关。砧木要选生长健壮的苗木,苗干要壮,但不要高,根系要多,但不要长。芽接的接穗,要选生长旺盛的当年生枝,接芽要饱满健壮、无芽座或芽座小的芽，不要选木质化程度低、芽子不饱满的接穗，更不能把雄花接上。枝接，接穗要选木质化程度高、生长健壮、髓心小和没有失水的接穗。

**（七）接穗的采集与贮藏要科学**

芽接用的接穗要随采随打复叶。采回接穗后，要把它放在阴凉通风处，洒上水，再用浸过水的湿麻袋盖严，可保存2～3天。枝接用的接穗，采回后，要及时蜡封，将30～50条捆成一捆，挂上标签，写明品种，在背阴处用湿砂或湿土埋严，要求尽量使接穗与湿砂土接触，并在中央及四周埋秸秆通气。

## 二、砧苗的培育

砧木苗，是指利用种子繁育而成的实生苗，主要用作嫁接苗的砧木。砧木的质量如何，直接影响嫁接成活率及建园后的经济效益。

**（一）采种及贮藏**

**1. 采　种**　首先选择生长健壮、无病虫害和种仁饱满的壮龄树（最好30～50年生）为采种母树。当果实形态成熟，即青皮由绿变黄并开裂时，即可采收。此时的种子内部生理活动微弱，含水量少，发育充实，最易贮存。若采收过早，胚发育不完全，贮藏的养分不足，晒干后种仁干瘪，发芽率低。即使发芽出苗，生活力弱，也难成壮苗。采种的方法，有捡拾法和打落法两种。前者是随着果实的自然落地，定期捡拾；后者是当树上果实青皮有1/3以上开裂时，将其打落。为确保种子质量，种用核桃应比商品核桃晚采收3～5天。种用核桃不用漂洗，可直接将脱掉青皮的坚果捡出晾晒。未脱青皮的，可堆沤脱皮，或用3 000～5 000毫克/升乙烯利溶液处理，3～5天后，即可脱去青皮。难以离皮的青果成熟度差，不宜做种子。

晾晒的核桃砧木种子，要以薄层摊在通风干燥处，不要放在水泥地面、石板或铁板上受阳光直接暴晒，以免影响种子的生活力。

**2. 贮　藏**　核桃种子无后熟期。秋播的种子在采收后一个多月就可播种(有的带青皮播种)，晾晒也不需干透。而春播的种子贮藏时间则较长。多数地区以春播为主，贮藏时应注意保持低温(5℃左右)、低湿(相对湿度为50%～60%)和适当通气，以保证种子经贮藏后仍有正常的生活力。核桃种子的贮藏方法，主要是室内干藏法，其中分普通干藏法和密封干藏法两种。前者是将秋采的干燥种子装入袋或缸等容器内，放在经过消毒的低温、干燥和通风的室内或地窖内。种子少时可以袋装吊在屋内，既防鼠害，又可通风散热。种子如需过夏，贮藏时要用密封干藏法，即将种子装入双层塑料袋内，并放入干燥剂密封。然后，放进可控温、控湿和通风的种子库或贮藏室内存放。

除室内干藏法外，也可采用室外湿沙埋藏法。即选择排水良好，背风向阳，无鼠害的地方，挖掘贮藏坑，一般坑深为0.7～1米，宽1～1.5米，长度依种子数量而定。贮藏前，种子应进行水(或盐水)选，将漂浮于水上、种仁不饱满的种子剔除，将浸泡2～3天的饱满种子取出，进行沙藏。沙藏时，先在坑底铺一层湿沙(以手握成团不滴水为度)，一层湿沙摆一层核桃，层间湿沙厚5厘米左右，顶部盖湿沙与坑口相平，上面用土培成屋脊形。同时，在贮藏坑四周开排水沟，以免积水浸入坑内，造成种子霉烂。为保证贮藏坑内空气流通，应于坑的中间(坑长时每隔1.5米)竖一草把，直达坑底，坑上覆土厚度可依当地气温高低而定，早春应注意检查坑内种子状况，勿使霉烂。

## （二）圃地的整理

圃地的整理，是保证苗木生长及其质量的重要环节。整地，主要是指对土壤进行深翻耕作。通过整地可增加土壤的通气透水性，并有蓄水保墒、翻埋杂草残茬、混拌肥料及消灭病虫害等作用。由于核桃幼苗的主根很深，深耕有利于幼苗根系的生长，翻耕深度应因时因地制宜。秋耕宜深，为20～25厘米；春耕宜浅，为15～20厘米。干旱地区宜深，多雨地区宜浅；土层厚时宜深，河滩地可浅；移植苗宜深（为25～30厘米），播种苗可浅。北方地区，宜在秋季深耕，并结合进行施肥及灌冻水。春播前可再浅耕一次，然后耙平，再打埂整畦。

## （三）播种前的种子处理

秋播种子不需任何处理，可直接播种。春季播种时，播种前应进行浸种处理，以确保发芽。浸种方法有如下几种：

**1. 冷水浸种法**　用冷水浸泡7～10天，每天换一次水。或将盛有核桃种子的麻袋放在流水中，使其吸水膨胀，裂口后即可播种。

**2. 冷浸日晒法**　将用冷水浸泡过的种子，置于阳光下暴晒，待大部分种子裂口时即可播种。

**3. 温水浸种法**　将种子放在温度为80℃的温水缸中，即刻搅拌，使其自然降至常温后，再浸泡8～10天，每天换水。种子膨胀裂口后，捞出核桃播种。

**4. 石灰水浸种法**　山西省汾阳县南偏城果农的经验是，把50千克核桃倒入1.5千克石灰加10升水配制的溶液中，用石头压住核桃，再加冷水，不换水，浸泡7～8天，然后，捞出核桃暴晒几小时，种子裂口即可播种。

**5. 开水浸种法**　当时间紧迫，种子未经沙藏而急需用其播种时，可将种子放入缸内，然后倒入为种子量1.5～2倍的沸水，随倒随搅拌，2～3 分钟后捞出播种。也可搅到水温不烫手时捞出种子，再倒入凉水中，浸泡 1 昼夜后捞出播种。此法还可同时杀死种子表面的病原菌，但因担心烫坏种子，故一般不提倡用此法，而且只能用于中厚壳种子。

(四)播　种

**1. 播种时期**　播种核桃，可分为秋播和春播。播种期的选择主要根据当地的气候条件。如当地春季风沙大而秋季墒情又好时，则以秋播为好。而且，秋播的种子可不必处理。所以，北方地区应以秋播为主。秋播可延长到浇防冻水以前进行。有时，由于外购种子不及时，土壤已冻结或当地鸟兽害严重等原因，而不能进行秋播时，可在春季采用覆膜播种，播后约 20 天即可出苗。据此，可以推算出避开当地晚霜的播种期。

近两年，河南济源、孟州以及山东的部分地区，于 9～10 月份采用带青皮的核桃点播。当年即可出苗，即使冬季幼苗上部冻死，但地下根仍然存活，为来年春季幼苗的快速生长打下了基础。如果管理到位，可以实现一年即育成成品苗。

**2. 播种方法**　手工点播可分为床作点播和垄作点播。床作点播时，株行距为 15～20 厘米×40～60 厘米。如为垄作点播，则应先整地做垄，垄宽 50 厘米，高 20 厘米，垄距 50 厘米。随后在垄上覆盖地膜，并在地膜两侧压土。然后，在地膜两侧(相距 15～20 厘米)打孔，将经过处理的种子播入孔中。放置种子时，应使其缝合线同地平面垂直，种尖也向一侧播下，这样出苗整齐。播后覆土 5～10 厘米厚。床作点播可浅些，垄作点播要深些；春播可浅些，秋播宜深些。

**3. 播种量**　过去计算播种量，常按每 667 平方米若干千克(如 180～300 千克)计算。现在一般按育苗株行距、种粒大小以及种子利用率来计算。计算公式如下：

每667平方米用种量(千克)＝667×10 000平方厘米÷(株距×行距)(平方厘米)÷(每千克种子粒数×种子利用率)。

例如，以株行距15厘米×50厘米计算，每667平方米应有8 900个播穴。大粒种子每千克至少有60粒，种子利用率按90%计算，这样，每667平方米用大粒种子最多165千克即可。他们还认为，用大粒种子育苗，不仅当年的苗木粗壮，而且翌年长势也旺，适于嫁接。实际上，在现实育苗中用的种子都比较小，一般每千克都在100粒左右。操作时，可抽查几次1千克种子的粒数，取其平均数即可。

**(五)苗期管理**

核桃春播后20天左右，开始发芽出苗，40天左右幼苗出齐。要培育健壮的砧木苗，就必须加强苗期的田间管理工作。

**1. 补　苗**　当幼苗大量出土时，应及时检查。若发现缺苗严重，应及时补苗，以保证单位面积的成苗数量。补苗的方法是：可用水浸催芽的种子重新点播，也可将边行或多余的幼苗带土移栽。

**2. 施肥灌水**　一般来说，在核桃苗出齐前不宜灌水，以免造成地面板结。但北方一些地区，春季干旱多风，土壤保墒能力较差，出苗率多受影响。这时，需及时灌水，并在表土干燥后进行浅松土。当幼苗出齐后，为了加快生长，应及时灌水。5～6月份，是幼苗生长的关键时期，在北方地区一般要灌水2～3次，并结合追施速效氮肥两次，每次每667平方米施硫酸铵10千克左右。7～8月份，雨量较多，可根据雨情决定灌水与否，并追施磷、钾肥两次。9～10月份，一般灌水2～3次，特别要保证灌好最后一次封冻水。此外，幼苗生长期间还可进行根外追肥，用0.3%的尿素或磷酸二氢钾液喷布叶面，每7～10大喷1次。在雨水多的地区或季节，要注意排水，以防苗木晚秋徒长或烂根死亡。

**3. 中耕除草** 苗圃的杂草生长快，繁殖力强，与幼苗争夺水分和养分，有些杂草还是病虫的媒介或寄主。因此，对苗圃地必须及时除草和中耕。在幼苗前期，中耕深度为2～4厘米，后期可逐步加深到8～10厘米。中耕次数，可视具体情况进行2～4次。中耕除草还应与追肥灌水结合进行，每次追肥后必须灌水，并及时中耕和消灭杂草。

**4. 防止日灼** 幼苗出土后，如遇高温暴晒，其嫩茎先端往往容易焦枯，即日灼，俗称"烧芽"。为了防止日灼，除注意播前的整地质量外，播后可在地面覆草。这样，可降低地温，减缓蒸发，亦能增强苗木长势。

**5. 防治病虫害** 核桃苗木的病害，主要有黑斑病、炭疽病、苗木菌核性根腐病和苗木根腐病等。其防治方法是：除在播种前进行土壤消毒和深翻之外，对苗木菌核性根腐病和苗木根腐病，可用10%硫酸铜或甲基托布津1000倍液浇灌根部，每667平方米用药液250～300升，再每667平方米用10～20千克消石灰撒于苗茎基部及根际土壤，对抑制病害蔓延有良好效果。对黑斑病、炭疽病和白粉病等，可在发病前每隔10～15天喷等量式200倍波尔多液2～3次，发病时喷70%甲基托布津可湿性粉剂800倍液，防治效果良好。危害核桃苗木的害虫，主要有象鼻虫、刺蛾、金龟子和浮尘子等。对此，应选择适宜时期喷布90%敌百虫1000倍液，或2.5%溴氰菊酯5000倍液，或80%敌敌畏乳油800倍液，或2.5%功夫乳油1000倍液等，都可取得良好效果。核桃病虫害防治详见本书第八章。

**6. 越冬防寒** 多数地区的核桃苗不需防寒，但在冬季经常出现－20℃以下低温的地区，则需做好苗木的保护工作。其防寒方法是：将苗木就地弯倒，然后用土埋好即可。先平茬后埋土，效果也不错。

## 三、嫁接苗的培育

### （一）接穗的选择标准

**1. 选好采穗母树** 采穗母树应是生长健壮、无病虫害的良种树，选好后要及时做好标记。

**2. 建立良种采穗圃** 采穗圃必须是优良品种嫁接树或高接改优树。由于接穗的质量直接关系到嫁接成活率的高低，因此，应加强对采穗母树或采穗圃的综合管理。

接穗分为枝接接穗和芽接接穗两种。因其对成活率的影响不同，其标准也不相同。枝接穗条长1米左右，粗1～1.5厘米以上的发育枝或徒长枝，枝条要求生长健壮，发育充实，髓心较小，无病虫害。在一年生穗条缺乏的情况下，也可用强壮的结果母枝或基部带两年生枝段的结果母枝，但成活率较低。芽接所用的穗条，应是木质化较好的当年发育枝。所采接芽，应成熟饱满。

### （二）接穗的采集、贮运及处理方法

**1. 接穗的采集** 枝接接穗的采集，从核桃落叶后直到芽萌动前（整个休眠期）都可进行。但因各个地区气候条件不同，采穗的具体时间亦有所不同。在北方核桃抽条现象严重（特别是幼树）和冬季与早春枝条易受冻害的地区，均宜在秋末冬初采集。此时采集的接穗，只要贮藏条件好，防止枝条失水或受冻，就可保证嫁接成活率。在冬季抽条和寒害轻微的地区，或采穗母树为成龄树时，可在春季芽萌动之前采穗。此

时，可随采随用或作短期贮藏，接穗的水分充足，芽子处于即将萌动状态，嫁接后成活率很高。

芽接所用接穗(以刚木质化的枝条为好)，多为夏季随用随采，或作短暂贮藏，一般贮藏期不宜超过 3 天，贮藏时间越长，嫁接后成活率越低。

采穗时，宜用手剪或高枝剪，忌用镰刀削。剪口要平，不要呈斜茬。采后，将穗条按长短和粗细分级(弯曲的弓形穗条要单捆单放)，每 30～50 根打成一捆。打捆时，穗条基部要对齐，将剪下的复叶夹在穗条间，先在基部捆一道，再在上部捆一道，然后剪去顶部过长、弯曲或不成熟的顶梢。有条件的最好用蜡封住剪口，以防失水，最后用标签标明品种。芽接用的接穗，从树上剪下后要立即去掉复叶，留 2 厘米左右长的叶柄，每 20 或 30 根打成一捆，标明品种。打捆时，要防止叶柄蹭伤其他幼嫩枝的表皮。

**2. 接穗的贮运**　枝接所用接穗，最好在气温较低的晚秋或早春运输。高温天气易造成霉烂或失水，最好不要运输接穗。在严冬季节运输接穗时，应注意防冻。接穗运输前，应先用塑料薄膜包好并密封。远途运输时，塑料包装内要放些湿锯末或苔藓；铁路运输时，还需将包好的接穗装入木箱、纸箱或麻袋内后再交运。

将接穗就地贮藏过冬时，可在阴凉处挖宽 1.2 米、深 80 厘米的沟，沟的长度按接穗的多少而定。然后，将标明品种的成捆接穗放入沟内，若放多层，层间应加 10 厘米左右的湿沙或湿土。接穗放好后，在上面覆盖湿沙或湿土，约 20 厘米厚。土壤结冻时，覆盖层应加厚到 40 厘米。如果要在土壤解冻前使用接穗，则上面还要加盖草帘或玉米秸。当春季气温升高时，需将接穗转移到温度较低的地方，如土窖、窑洞或冷库等。

核桃接穗贮藏的最适温度是0℃～5℃，最高不能超过8℃，相对湿度在90%以上。放在冷库和冰箱内的接穗，应避免停电升温或过度降温，否则会严重影响嫁接成活率。

为保证室外嫁接所用接穗的贮藏安全，可在距嫁接地点较近的山坡背阴处或山洞内，用湿沙进行贮藏。嫁接时，再将其运至嫁接地点。这样，既经济，又能保证嫁接成活率。

芽接所用的接穗，由于当时气温很高，因此保鲜非常重要。否则，会大大降低嫁接成活率。接穗采下后，要用塑料薄膜包好。包时要注意通气，不可密封，还要在里面放些苔藓或湿锯末等。运到嫁接地时，要及时打开薄膜，并把它置于潮湿阴凉处，并经常洒水保湿。

**3. 接穗的处理** 接穗的处理，主要包括剪截和蜡封，一般需在嫁接前进行。接穗剪截的长度，因嫁接方法而异。室内嫁接所用接穗，一般长13厘米左右，有1～2个饱满芽；室外枝接用的接穗，一般长16厘米左右，有2～3个饱满芽。无论哪种接穗，都要特别注意上部第一芽的质量，一定要完整、饱满和无病虫害，以中等大小为好。上部第一芽距离剪口1厘米左右。发育枝先端部分一般不充实，木质疏松，髓心大，芽体虽大，但质量差，故不宜作接穗用。

接穗蜡封，能有效地防止水分散发。蜡封，一般在嫁接前15天以内进行，效果最佳。蜡封的方法是：将石蜡放入容器（铝锅或烧杯等）内，在容器底部可先加少量水，然后用电或煤火等加热，使石蜡液化并保持在90℃～100℃温度范围内。蜡封时，将剪好接穗的一头，在蜡液中速蘸一下，甩掉表面多余的蜡液，然后再蘸另一头，使整个接穗表面包被一层薄而透明的蜡膜。如果蜡层发白掉块，说明蜡液温度过低，为保证蜡液温度适当，可在容器内插一根棒状温度计，以随时观察温度的变化；当温度超过100℃时，应及时将容器撤离热源或关闭电源。

### （三）砧木选择

选择砧木，应根据不同栽培区域的生态条件和当地生产情况，确定合适的砧木类型。实践证明，我国北方地区采用核桃本砧或核桃楸作砧木效果较好；南方地区则以野核桃和铁核桃作砧木为宜。砧木苗应为一二年生植株，基径在1.2厘米以上。高接改优时，砧木树龄可较大（一般不超过30年生），砧桩嫁接部位多是侧枝或副侧枝，砧桩横断面直径宜在8厘米以下。

### （四）嫁接时期

核桃的嫁接时期，因地区和气候条件不同而异，各地应根据当地实际情况来决定。一般来说，室外枝接的适宜时期，是从砧木发芽至展叶期。北方地区多在3月下旬到4月下旬，南方地区则在2～3月份。此时，核桃树生长开始加快，砧、穗易离皮，伤流较少或没有伤流，愈伤组织形成较快，嫁接成活率高。北方地区，芽接宜在5月中旬到7月初进行，其中以6月中下旬为最适期；云南，则多在3月份芽接；贵州，秋季芽接在7～8月份进行，枝接在2月中旬至3月中旬进行。核桃的嫁接成活率不稳定，选择好适宜的嫁接时期，对提高成活率有较大作用。

### （五）嫁接方法

根据嫁接时期和所用接穗的不同，嫁接方法可分为枝接和芽接两大类，每类都包括多种嫁接方法。

**1. 芽　接**　核桃芽接方法较多，根据芽片或切口的形状，可分为方块形芽接、环状芽接和“工”字形芽接等方法。无论采用哪种方法，芽片均应取自当年生长健壮的发育枝的中下部，以中等大的芽为最好，砧木以二至三年生经平茬后的当年生枝最为理想，嫁接部位以砧木中下部平直光滑、节间稍长处为最好。

**(1)方块形芽接** 此法成活率高，成本低，嫁接速度快，节省芽。在正常情况下，成活率可达90%以上，每人每天可嫁接500株左右，目前已推广到全国各地。嫁接前先制作双刃芽接刀。制作方法为：根据接穗节间长短的不同，制成边长不同的方木块，即不同规格的方木块，边长3.6～5.0厘米，厚度为2厘米，中间钻直径为2厘米的圆孔。圆孔的作用是，切芽时可以让叶柄穿过，不绊叶柄。操作时便于手持，可用小手指钩住圆孔。然后在两侧各放一个双面刀片，刀片外面加上用三合板做成的"X"形的保护片，一可防刀片割手，二可控制切芽深度，不致将接穗割断。从三合板外面两边各用两个螺丝钉固定即可。双刃嫁接刀的两面都可使用，一个嫁接刀片一般可嫁接500株左右，用钝时可随时换上新刀片。

在砧木距地面30厘米以下部位，选一光滑处用特制的双刃芽接刀横向划切长1.5～2厘米(因砧木粗细而不同)，用指甲先从切口的一侧抠开，然后将切口的砧木皮撕掉，并在下切口的一侧撕下0.2厘米宽的树皮(叫伤流口，不一定要撕掉)，以便伤流液的排出。根据砧木粗度先取相应粗度的穗条，并在成熟的饱满芽处用双刃刀取芽。在接穗上取下与砧木切口大小一样的芽片(注意不要弄掉芽内部的生长点或护芽肉)，迅速将芽片嵌入砧木的切口内，用2～3厘米宽的地膜条包严包紧(不可将排放伤流液口下端包严)，芽和叶柄露在外面(图3-1)。

另外，小方块芽接所取的方块较小，一般芽片长为1.0～1.5厘米，宽0.6～1.2厘米，利用小芽片嫁接可利用较细的接穗，从而扩大了接穗的采集范围和砧木的利用率。

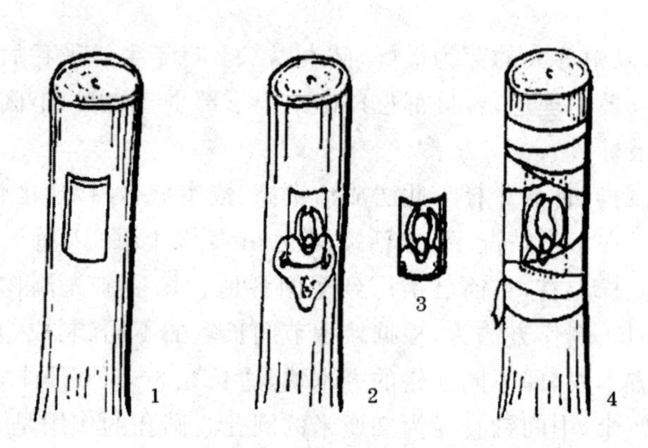

**图 3-1 方块形芽接**

1. 切砧木 2. 切接穗 3. 芽片 4. 镶入芽片并绑缚

**(2)"T"字形芽接** 先将芽片切成盾形，长 3～5 厘米，上宽 1.5 厘米。砧木以一二年生为宜，在其上距地面 10～20 厘米处，选光滑部位切一"T"字形口，横向比接芽略宽，深达木质部，长度与芽片相当。切开后用刀挑开皮层，将接芽迅速插入，务使芽、砧紧密相贴，上切口形成层要对齐，然后自上而下地用塑料条将嫁接部位绑严(图 3-2)。

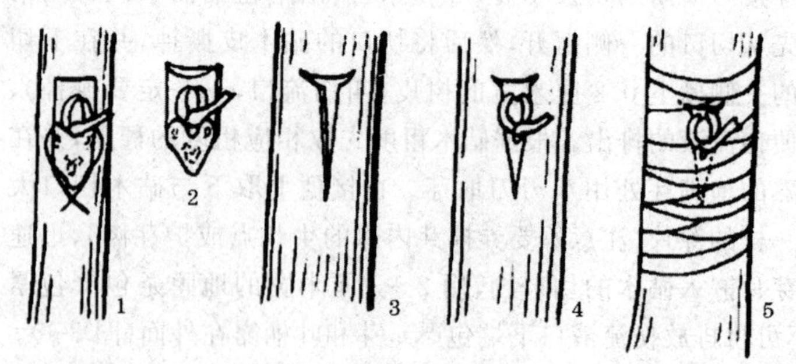

**图 3-2 "T"字形芽接**

1. 切接芽 2. 芽片 3. 砧木"T"字形切口 4. 插入接芽 5. 绑缚

**(3)环状芽接**　在接穗上选好接芽后，先在芽上方1厘米和芽下方1.5～2厘米处，各环切一周，深达木质部。然后在背面纵切一刀，取下环状芽片。再于砧木适当高度光滑处，环割取下与芽片大小相同的筒状树皮，将芽片迅速镶嵌于砧木切口内并绑严。要特别注意勿使芽环左右移动(图3-3)。

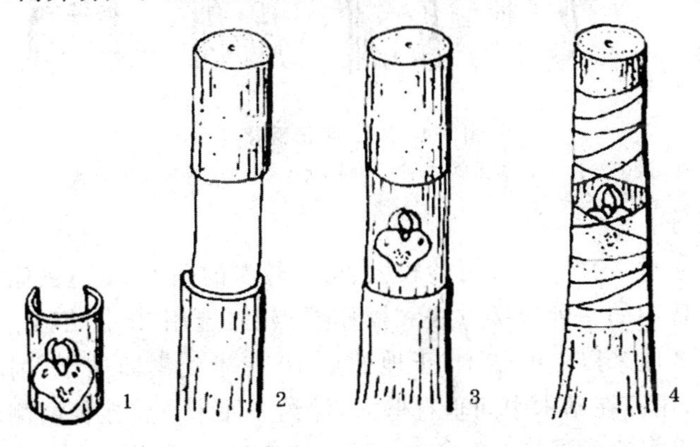


**图3-3　环状芽接**

1. 环状芽片　2. 砧木环状接口　3. 镶入芽片　4. 绑缚

**(4)"工"字形芽接**　在接芽上下方各环切一刀，深达木质部，长3～4厘米，宽1.5～2.5厘米。再从接穗背面，取下0.3～0.5厘米宽的树皮作为"尺子"，在砧木适当部位，量取同样长度，上下各切一刀，宽度达干周的2/3左右，从中间竖着撕去0.3～0.5厘米宽的树皮，然后剥开两边的皮层，将芽片四周剥离(仅剩维管束相连)，用拇指按住接芽侧面，向左推下芽片(带一块护芽肉)，将芽片嵌入砧木切口中，用塑料条自上而下地包扎严密(图3-4)。

**2. 枝　接**　以枝条为接穗的嫁接方法，称为枝接。按操作地点的不同，又分为室外枝接和室内枝接两种。

**(1)室外枝接**　其嫁接方法，主要有劈接、插皮舌接和插

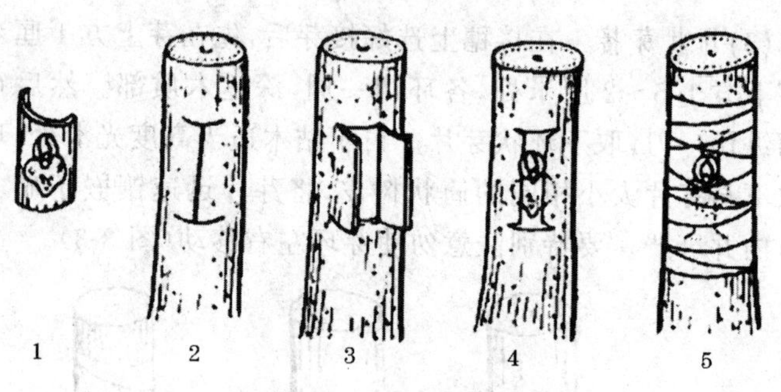


**图 3-4 “工”字形芽接**

1. 取下芽片 2. 砧木切口 3. 打开砧皮 4. 镶入芽片 5. 绑缚

皮接等。

①劈 接 适于树龄较大、苗干较粗的砧木，是过去应用最为普遍的一种嫁接方法。操作要点是：选用 2～4 年生、直径在 3 厘米以上的砧木，于地面上 10 厘米处锯断砧干，削平锯口，用刀在砧木中间垂直劈入，深约 5 厘米。将接穗两侧各削一个对称的斜面，长 4～5 厘米，然后迅速将接穗插入砧木劈口中，使接穗削面露出少许，并使砧、穗两者的形成层紧密对合。如接穗较砧木细，则应使一侧形成层对齐，然后用地膜或塑料条绑严，保持接口湿度，以利于愈合(图 3-5)。

②插皮舌接 操作方法是：选适当位置锯断(或剪断)砧木树干，削平锯口，然后选砧木光滑处，由上至下地削去长5～7 厘米、宽 1 厘米左右的老皮，露出皮层。将蜡封接穗削成长 6～8 厘米的大削面。削时注意刀口一开始就要向下切凹，并超过髓心，然后斜削，保证整个斜面较薄，再用手指捏开削面背后皮层，使之与木质部分离，将接穗的木质部插入砧木削面的木质部与皮层之间，使接穗的皮层盖在砧木皮层的削面上，最后，用塑料条绑紧接口(图 3-6)。此法由于需要将皮层与木质部分离，故应在皮层容易剥离、伤流较少时进行。并注意

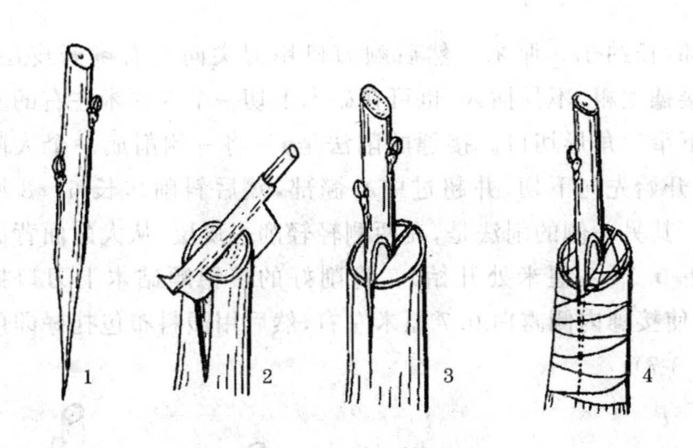


**图 3-5 劈 接**

1. 接穗削面 2. 砧木切口 3. 插入接穗 4. 绑缚

接前不要灌水，而是在接前 3～5 天预先锯断砧木放水，以避免伤流液过多影响嫁接成活。此法既可用于苗木嫁接，也可用于大树高接。

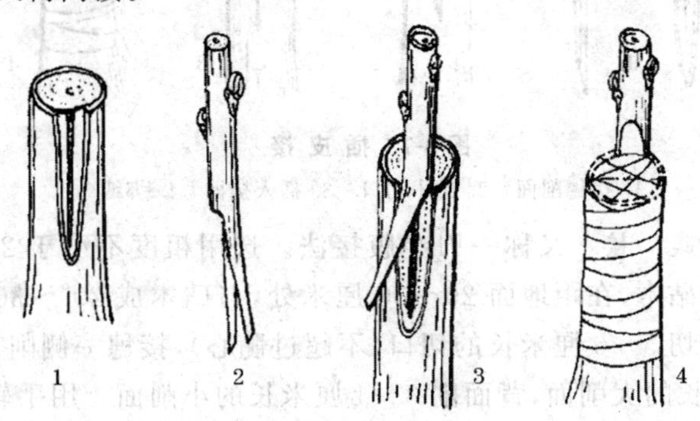


**图 3-6 插皮舌接**

1. 砧木削面 2. 接穗侧削面 3. 插入接穗 4. 绑缚

③插皮接　又叫皮下接。操作要点是：首先剪断或锯断砧干，削平锯口，在砧木光滑处，由上向下垂直划一刀，深达木

质部，长约 1.5 厘米。然后顺刀口用刀尖向左右挑开皮层。如接穗太粗，不易插入，也可在砧木上切一个 3 厘米左右的上宽下窄三角形切口。接穗的削法是，先将一侧削成一个大削面（开始先向下切，并超过中心髓部，然后斜削），长 6～8 厘米。其另一侧的削法是，在两侧轻轻削去皮层（从大削面背面往下 0.5～1 厘米处开始）。将削好的接穗顺砧木上刀口插入，使接穗内侧露白 0.7 厘米左右，然后用塑料布包扎好即可（图 3-7）。

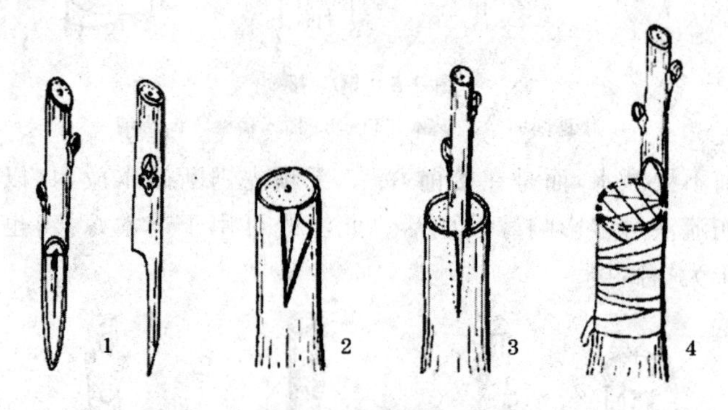


**图 3-7 插皮接**

1. 接穗削面 2. 砧木切口 3. 插入接穗 4. 绑缚

④腹　接　又称一刀半腹接法。选用粗度不小于 2～3 厘米的砧木，在距地面 20～30 厘米处，与砧木成 20°～30°角向下斜切 5～6 厘米长的切口（不超过髓心），接穗一侧削 5～6 厘米长的大削面，背面削 3～4 厘米长的小削面。用手轻掰砧木上部，使切口张开，将接穗大斜面朝里地插入切口，对准形成层，放手后即可夹紧，在接口以上 5 厘米处剪断砧木，用塑料条将嫁接部位包严扎紧（图 3-8）。

**(2)室内枝接**　核桃室内枝接，是利用出圃的实生苗作砧木，在室内进行嫁接的方法。此法能有效地避免伤流液对嫁

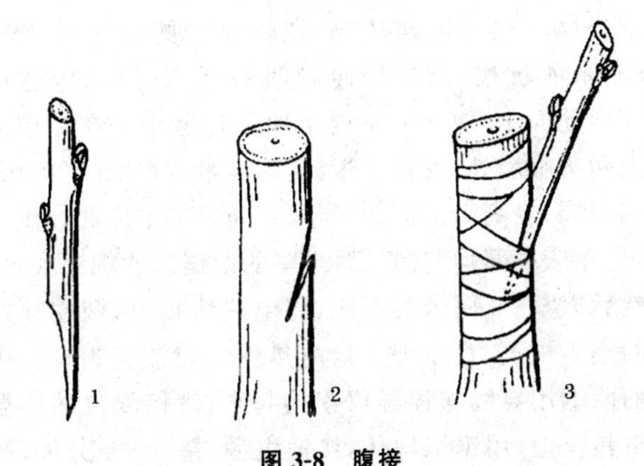


**图 3-8 腹接**

1. 接穗侧切面 2. 砧木切口 3. 插入接穗并绑缚

接成活的不良影响，并可人为地创造宜于砧穗结合的有利条件。此法具有适宜嫁接期长，可实行机械化操作，成活率高且稳定等优点。该法在整个休眠期都可使用，但以 3～4 月份为最适期。室内嫁接因所用砧木不同，可分为苗砧嫁接和子苗砧嫁接两种。

①自控电热温床苗砧嫁接　该技术的主要特点是成活率高且稳定，生长季节长，易于掌握，便于工厂化育苗，尤其适用于室外嫁接较难成活地区的基层苗圃及专业户采用。但工序较复杂，育苗成本高，技术环节较难掌握，且需一定的设备条件。其操作方法如下：

第一步，自控电热床的建造与组装。需购买上海医用仪器厂生产的控温仪 1 台（控温范围为 0℃～50℃），以及与其配套的农用电热丝两盘（每盘长 110 米，其中一盘备用）。还应准备足量新鲜过筛的锯末、纸绳、农膜、温度计、修枝剪、扁铲、芽接刀以及砌墙用的材料。春季嫁接时，在室外背风向阳的地方，采用地下式温床。冬季嫁接时，应采用室内半地下式温床。室外地下式温床建造时，先将地面挖长 5 米、宽 1.7 米、深 0.6 米的坑槽，然后用砖砌四周（临时性温床也可不砌），且高出地面 10 厘米。室内半地下式温床是在专用或代用的室内两边临墙处，挖长 5 米、宽 1.7 米、深 0.3 米的床槽，用砖浆砌四周，且高出地面 30 厘米。同时铲平床底。温床建造好后，先在床底部均匀铺 5 厘米厚的湿锯末或细湿沙，用脚踩实。然后以 5～6 厘米的等距，将电热线拉直，两端挂在专门设置的小木桩上，直至把一盘电热丝均匀铺完为止。再把电热丝的两端用导线与控温仪连接起来，将控温仪的感温探头置于电热丝上，用锯末埋住，接通电源，待 3～5 分钟，控温仪上温度指针缓缓上升时，说明工作正常。这时断掉电源，在电热丝上覆盖 3～5 厘米厚的湿锯末后，上铺一层塑料薄膜。接着，将含水量为 55%～60%的湿锯末填入床内，厚为 35～40 厘米，上覆盖塑料膜，待植苗。

第二步，准备砧木、接穗。选择 1～2 年生核桃实生苗，要求生长健壮，无病虫，无劈裂，根系完整，地径为 0.9～1.8 厘米。冬季或早春嫁接时，于土壤结冻前起苗，开沟假植于温床附近的湿土或湿沙中，2 月下旬后嫁接时，以随起随用较好。接穗应从采穗圃或优树上采集。要选择树冠外围生长健壮、无病虫、充分木质化的一年生发育枝或二次枝，粗度应为 0.7～1.8 厘米。采穗时间为先一年 11 月上旬至 12 月上旬，或翌年 2 月底前后。采后要立即蜡封伤口，并按品种每 50 根绑成一捆，挂上标签，沙藏于冷库（0℃～5℃）或通风的地下窨内待用。早春也可随接随采。

第三步，嫁接。12 月上旬至翌年 4 月上旬均可嫁接，但以 2 月中旬至 3 月下旬效果最佳。2 月中旬前嫁接时，要将砧木及接穗置于床温为 25℃～30℃的湿锯末中，“催醒”砧木和接穗。砧木为 6～8 天，接穗为 3～5 天，使砧穗处于正常生理活动状态。2 月中旬后嫁接时，接穗和砧木不进行“催醒”处理。嫁接一般多采用双舌对接法(图 3-9)。其操作步骤如下：一是将处理好的砧木从根际以上 2～3 厘米处剪断，去掉上部，并剪除过长的主根和侧根，剪平因起苗挖断的伤口，保

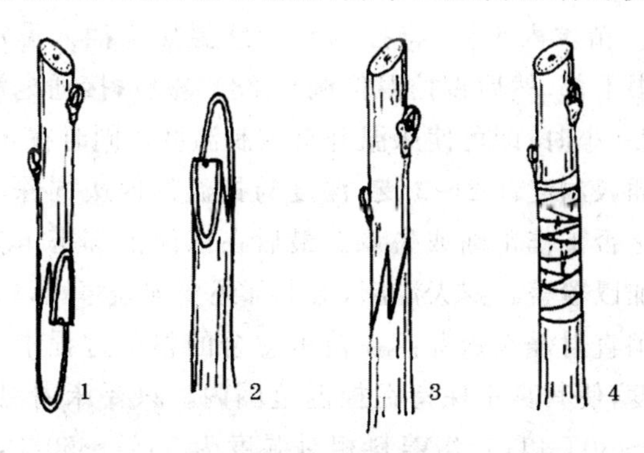


**图 3-9 双舌对接**

1. 接穗削面 2. 砧木削面 3. 插入接穗 4. 绑缚

留 15～20 厘米的根毛区。二是选择与砧木粗度相等或相近的接穗，截成长 10～12 厘米，带有 2～3 个饱满芽的枝段(切勿误用雄花芽及枝条上部髓心过大的部分)，上部剪口距芽眼 1 厘米左右。三是将砧木及接穗(下部)用扁铲削成 4～6 厘米长的光滑马耳形削面。然后在切面上部约 1/3 处，分别纵切一刀，深度为 1～2 厘米。四是再将各自的短舌面分别插入对方的切缝，各自的长舌面覆盖于对方的整个切面，并使形成层对准。若砧、穗粗度不等时(接穗不能粗于砧木)，只要将一边形成层对准即可。五是最后用纸绳绑扎 4～5 圈，松紧要适度。为了提高工效，可以三人一组进行流水作业。即一人切削砧、穗削面，一人插合，另一人绑扎。三人分工合作，每天可

嫁接1 500株左右。

第四步，入床愈合。将接好的苗木每5株捆绑成小捆，成行植于温床内，苗木距四周墙边10厘米，根部距农膜层2～3厘米，上部仅露出顶芽，苗木之间用湿锯末填充实。床内植苗密度为每平方米有效面积500～600株，即每床可植4 000～5 000株。苗木入床后，将控温仪的感温探头插入温床中间，深度达根下部，然后将控温仪调至28℃左右，接通电源，一般经15～20小时，即可使床温升至控制温度。同时在床中的不同部位插入温度计2～3支，深度与控温仪探头同深，以判断控温仪是否工作正确或失调。最后在床面上部搭木条，用塑料薄膜加以覆盖。露天温床，最上部还要加盖草帘，以保温和防止太阳直射烧伤嫩芽。在苗木愈合的整个过程中，要经常观察温度，使其真正保持在控温范围内。只要床内温度稳定在25℃～30℃以内，培养料相对湿度为55%～60%，均可取得理想的结果。在上述温湿度范围内，一般7天开始产生愈伤组织，15～20天即可基本愈合。这时，要及时关闭电源，白天揭去覆盖物，使之降温锻炼2～3天，以适应外界条件。若是在温室或其他保护地栽植时，可直接移植。如果外界条件不稳定，保护措施差，不适宜栽植时，可将出圃的苗木，用湿锯末埋藏在阴凉通风的地方或地下窑窖内，暂时加以贮藏。待外界气候宜于栽植时，再将苗木取出，移植在保护性苗圃上。

第五步，幼苗移植与圃地管理。一是选择移植地与整地。应选择背风向阳、地势平坦、排灌良好，土层深厚肥沃、pH值为中性至微碱性的壤土或砂壤土的地块。于秋冬季深耕整平，打细土块，拣净石块草根，培埂作床。床宽2～3米；长8～10米。早春对床内进行二次中耕整地，结合中耕施足底肥，每667平方米施农家肥3 000千克左右，磷酸二铵50千克。

二是移苗时期。温室内移植,可随出床随栽;在塑料拱棚或其他保护设施内移植,均应在3月上旬至3月底移苗;埋土移植,必须在4月中旬后气温稳定时才能进行。三是移栽方法。栽植密度为行距40～50厘米,株距15～20厘米,沟深15厘米。先将愈合好的苗木植于沟内,栽扶端正,使根系舒展,用细土埋住接口以下,用手按实,一次灌足定根水。待水下渗后,再将苗木全部埋严,使接穗顶部以上覆土厚度为3～5厘米,使整个苗行呈鱼脊状。四是保护幼苗。保护幼苗的主要措施,有温室移栽、塑料拱棚移栽、地膜覆盖移栽和埋土延迟移栽等。温室移栽可人为控制温、湿度,是理想的措施,但成本高,难于推广。塑料拱棚移栽,能够提高光能利用率,防止外界不良条件的影响,易于推广。但应注意覆盖遮荫。当棚内温度超过30℃时,要及时通风,以防日灼。当气温基本稳定时,可去掉塑料薄膜。一般移植半个月左右时,幼苗萌发逐渐出土,要经常检查放苗,同时要注意幼苗的遮荫与防寒工作。培土移栽,虽对圃地上部加有覆盖保护,但培土层要高出接穗顶部3厘米以上,且移栽期要推迟至4月中旬以后。此法因生长季节短,生长量小,小批量育苗时可适当采用。

②子苗砧嫁接　此法的优点是:嫁接效率高,育苗周期短,成本低。具体方法包括砧木培育、接穗准备、嫁接、愈合及栽植等几步。

第一步,培育砧木。选个大、成熟饱满的坚果为种子,根据嫁接时期的需要,分批进行催芽和播种。播种前要做好苗床,用腐熟的农家肥、腐殖质或蛭石作床土,或者将床土装在高25厘米,粗10厘米的塑料营养钵内,以备播种。播种时,必须使核桃种缝同地面垂直;否则胚轴弯曲不便嫁接。当胚芽长到5～10厘米长时即可嫁接。为保证砧苗干径达到所需粗度，应对子苗减少水分供应，实行“蹲苗”。亦可在种子长出胚根后，浸蘸浓度为250毫克/升的α-萘乙酸和吲哚丁酸的混合液，然后放回苗床，覆土3厘米厚，可使胚轴粗度显著增加。

第二步，准备接穗。从优良品种（或优株）母树上采集充实健壮、无病虫害的一年生发育枝作接穗，结果母枝也可以作接穗。接穗要求细而充实，髓心小，节间较短，直径以1～1.5厘米为宜。若其直径超过两厘米，则不能使用。将接穗剪成12厘米左右长的枝段（上留1～2个饱满芽），并进行蜡封处理。

第三步，嫁接。子苗嫁接时期以3月上中旬为宜。其方法多用劈接。当砧苗生根发芽，将要展出第一片真叶时，把它从苗床中取出，在子叶柄以上1厘米处切断，顺子叶柄沿胚轴中心向下切一个约2厘米长的切口。然后将接穗下端削成楔形，插入砧木切口，注意勿伤子叶柄。接完后，用塑料条或细麻皮绑缚。最后，将接口以下部分放在250毫克/升的α-萘乙酸溶液中浸蘸，可有效控制萌蘖产生，并促进新根的形成和生长。

第四步，愈合和栽植。先做好苗床，并在底层铺25～30厘米厚的疏松肥沃土壤。在苗床上面搭拱形塑料棚，拱棚中间高1.5厘米左右。然后，将嫁接苗按一定距离埋植起来，在接口以上覆盖湿润蛭石（含水率为40％～50％），保持愈合温度为24℃～30℃，棚内空气相对湿度在85％以上，并注意通风换气。经15天左右，接穗芽就可以萌发。此时，白天要揭棚放风，逐步增加日照和降低室温，使苗木得到适当锻炼。经过30天左右，当有2～3片复叶展开，室外日平均气温升到10℃～15℃时，即可将苗木移栽到室外圃地。一般选阴天或傍晚栽植。在良好的管理条件下，当年苗高可达40～60厘米或更高。

### (六)嫁接苗管理

从嫁接到完全愈合及萌芽抽枝，需30～40天的时间。为保证嫁接苗健壮生长，应加强如下管理：

**1. 谨防碰撞** 刚接好的苗木接口不甚牢固，最忌碰撞造成错位或劈裂。因此，应禁止人、畜进入苗圃地，管理时注意勿碰伤苗木。

**2. 除　萌** 接后20天左右，砧木上易萌发大量幼芽，应及时抹掉，以免影响接芽萌发和生长。

**3. 剪砧及复绑** 芽接时，砧木未剪或只剪去一部分。一般芽接后，在接芽以上留1～2片复叶剪砧。如果嫁接后，有降雨可能时，可暂不剪砧。接后5～7天，可剪留2～3片复叶。到接芽新梢长到20厘米长以上时，再从接芽以上20厘米处剪砧。此外，有试验表明，芽接后6～8天，另换塑料条复绑，对保证接芽成活和生长有利。

**4. 解除绑缚物** 室外枝接的苗木，因砧木未经移栽，生长量较大，可在新梢长到30厘米以上时，及时解除绑缚物。而室内枝接和芽接苗，生长量较小，绝大部分可延迟至建园栽植时再解绑，以防在起苗和运输过程中接口劈裂。

**5. 绑棍防风折** 接芽萌发后因生长迅速，枝嫩复叶多，易遭风折。因此，可在新梢长到20厘米长时，在一旁插一根木棍，用绳子将新梢和支棍绑结，以起固定新梢和防止风折的作用。

**6. 加强肥水管理和病虫害防治** 在核桃嫁接之后的2周内，禁忌灌水施肥。当新梢长到10厘米长以上时，应及时追肥浇水。也可将追肥、灌水与松土除草结合起来进行。为使苗木充实健壮，秋季应控制浇水和施氮肥，而适当增加磷钾肥。在8月中旬对核桃嫁接苗新梢摘心，可增强木质化程度。此外，苗木在新梢生长期易遭食叶害虫的危害，要及时检查，注意防治。具体的虫害及防治方法详见本书第八章。

## 第四节　苗木出圃、贮运与假植

### 一、苗木出圃

苗木出圃是核桃嫁接苗管理上的最后一个环节，在生产中具有十分重要的意义。起苗时应注意保护根系，要求在起苗前1周灌1次透水，使苗木吸足水分，便于挖掘。一年生苗的主根，长度不应小于15～20厘米；二年生苗的主根，长度要在30厘米以上，侧根要完整。若主根过短，侧根损伤过多，移栽后则不易成活。苗木出土后，可对受损伤根系进行修剪，以刺激新根的形成。在北方寒冷地区，为了有利于核桃苗木越冬，往往在结冻前将苗木全部挖出后假植，到翌年春季解冻后再栽植。

为了提高建园时的栽植成活率和整齐度，要按照有关标准（参照本章第一节），进行分级。

### 二、苗木贮运

根据运输要求及苗木大小，将嫁接苗按25株一捆或50株一捆打成小捆。不同的品种要分别打捆，挂上标签，注明品种、苗龄、等级与数量等。然后将其装入湿蒲包内，喷水保湿。包装外面再挂一个相同的标签，以确保苗木不混。运输过程中，要注意防止日晒、风吹和冻害，并注意保湿和防霉。运达目的地后，应立即解捆假植。苗木运输，最好在晚秋或早春气温较低时进行。外运的苗木要经过检疫和检验，保证“三证”齐全。

## 三、苗木假植

起苗后，如不能立即外运或栽植时，必须进行假植。依假植时间的长短，分为临时(短期)假植和越冬(长期)假植两种。前者一般不超过10天，只要用湿土埋严根系即可。后者则需细致进行，可选地势高燥、排水良好、交通方便和不易受牲畜危害的地方，挖沟假植。沟的方向应与主风向垂直。沟深1米，宽1.5米，长度依苗木数量而定。假植时，先在沟的一头垫些松土，将苗木斜排，与地面成30°～45°角，埋根露梢。然后再放第二排苗。依次排放，使各排苗成错位排列。假植时，若沟内土壤干燥，应及时喷水。假植完毕后，要埋住苗顶。土壤结冻前，将土层加厚到30～40厘米。春暖以后，要及时检查，以防霉烂。

# 第四章　标准化建园

核桃园的建立，是核桃生产的基本建设。建园质量好坏是核桃能否早结果、早丰产和优质丰产的基础，关系到整个果园的效益。因此，建园时，必须要有长远打算，全面规划，进行标准化操作。要周密考虑当地农业结构、经济社会条件和适宜栽培核桃的土地面积数量，认真选择园址和园地，应用优良品种，实行合理密植，科学栽培，为核桃的优质和高产，创造良好的生态环境条件。

## 第一节　园地选择的标准

虽然核桃具有分布范围广和适应性强等特点，但它对生存环境条件也有比较严格的要求，只有正确认识其特性，才能做到适地适树，从而提高其生产效益。有的人认为，核桃适宜于阴坡，其实只是因为在水肥较差的栽培条件下，分布在阴坡的核桃树比在阳坡的表现要好一些而已，并不是核桃真实特性的反应。

核桃标准化建园，不仅要考虑到今后核桃园的肥水来源，果品贮藏、运输和机械化管理等问题，还必须根据核桃树的生长发育规律和品种特性，充分考虑它对外界自然条件的要求，以便能正确地选定园址。

### 一、温　度

核桃的天然产地，大都是较温暖的地带。现在其大量栽培区域主要位于北纬10°～40°之间。无霜期180天以上，年平均温度8℃～16℃的地区均可栽植。核桃在休眠期能耐－20℃的低温，部分品种耐寒可达－30℃。春季萌芽后，它的耐寒能力降低，如温度降到－2℃～－4℃，可使新梢受冻，花期和幼果期温度降到－1℃～－2℃时，即受冻减产。夏季温度超过38℃以上，果实易灼伤，核仁不能发育或变黑。2002年，河南省林州市出现干旱高温，温度有时高达40℃以上，核桃受害严重，致使核仁干瘪。

## 二、水　分

核桃对大气湿度的要求并不严，在干燥的气候环境下生长结果仍然正常。而核桃生长发育对土壤湿度则较敏感，过旱过湿均不利于核桃的生长结果。幼苗期水分不足时，生长停止。结果期在过旱的条件下，树势生长弱，叶片小，果子小，甚至落果、落叶，这种情况称为"生理干旱"，必须浇水。长时期晴朗而干燥的气候，能促进开花结实。核桃在排水不良、长期积水的情况下，特别是受到污染，就会产生缺氧，造成根系腐烂，甚至整株死亡。建立优质、丰产、高效核桃园，要达到旱能浇水，涝能排水，灌溉水清洁无污染。

## 三、土　壤

核桃对土壤的适应性强，无论是丘陵或是山地，还是平川，只要土层较厚，排水良好，就能生长。在土壤疏松、排水良好的河谷冲积地带，则生长更好。地下水位在1.5米以下，pH值为7.0～8.2的中性微碱性土壤环境，核桃树生长良好。在土层浅(厚度＜1米)、土壤过于黏重的板结地方，则生长不良，表现为树冠小，生长慢，果子小。建立核桃园，条件越差，深翻改土的效果越明显。生产无公害优质核桃，土壤必须符合一定的环境质量标准。核桃园土壤的必测项目是：汞、镉、铅、砷、锰等重金属和六六六、滴滴涕两种农药残留量等不得超标，才能作为无公害标准化核桃生产基地。因此，建核桃园要远离城市、村庄、企业、厂矿、车站和公路等易受环境污染区。

### 四、光　照

核桃为喜光树种，尤其是进入结果期的核桃树，需要有充足的光照。在通风透光不良的情况下产量低。放任树产量低的原因，就是因为枝条密闭，树冠内膛光照不足，只有部分顶梢结果。成片的核桃园，边缘植株生长好，结果多；同一株核桃树，也是外围枝比内膛结果多。因此，在选择地形、选用栽植密度、树形和主侧枝的配置方面，都应考虑光照问题。

## 第二节　园地的标准化规划

以前，核桃大多栽植在田边、地堰或利用“四旁”隙地，进行零星栽植。近年来，成片栽植逐渐增多。随着土地的科学利用和机械化管理程度的提高，园地选择与规划成为一项十分重要的工作。园地选定后，应根据建园任务与当地的自然条件，本着集约化、规模化、充分利用土地、光能和空间，以及便于经营管理的原则，进行全面的规划。规划的内容，包括小区的划分、道路系统的安排、管护房的设置、排灌系统的设计、防护林的营造和山地水土保持工程的修建等。

### 一、小区规划

为了便于管理，建立核桃园应因地制宜地将园地划分为若干个生产小区。山地果园则以自然分布的沟、渠和道路划分，尽量与等高线平行，以便于管理和进行水土保持工作。平地以3～7公顷为一小区。为了便于机械耕作，小区一般以长方形为好。小区的方向最好为南北向，以利于获得较好的光照，提高果品产量和质量。滩地小区的长边应与当地主要风向垂直，以便与防风林配合。

## 二、道路规划

果园道路系统的配置，以利于机械化作业，田间活动，提高劳动效率，减轻劳动强度为原则。全园各作业小区，都要用道路连接起来。道路由主路、支路和田间作业路组成。道路的宽度以能通过汽车或小型拖拉机为准，主路宽5～7米，支路宽4～5米，作业道路宽2～3米。

## 三、排灌系统规划

建园时，必须建立起完整的灌水和排水系统。在山坡、丘陵地建园，要多利用水库、池塘、水窖和坝，来拦截地面径流，蓄水灌溉。临河的山地，要设计安排提灌站，引水上山灌溉；若距河流较远，则可利用地下水为灌溉水源，但水质必须是未受污染的合格水。为合理浇水，节约用水，生产上要大力推广喷灌、滴灌和管灌等水利设施。这样做省工、省地适应性强，用途广，增产显著。核桃树不耐涝，对核桃园内低洼易积水的地方，要建立排水系统。

## 四、防护林规划

防风林可以降低风速，减少风害，减少土壤蒸发和土壤侵蚀，保持水土，削弱寒流，提高空气温度和增加湿度等效果。

主林带要与有害风向垂直，栽 3～5 行乔木，带距 300～400 米。其余林带与道路结合，在路的一侧栽植 1～2 行乔木。山地的防护林应设在分水岭上。林带的结构，宜用透风林带，乔灌木结合，选用的树种要材质佳，经济价值高，生长旺盛，冠形密集，与果树无共同或互相传染的病虫害。林带距核桃要有足够的间隔距离，一般不少于 15 米。

## 第三节　标准化整地

核桃栽植前，应按规定的株行距挖定植穴或沿定植线开沟，穴的长、宽、深各 1 米，槽沟宽 80 厘米，深 1 米。在地形复杂的山地建园，最好先撩壕或修梯田，然后栽树。挖穴或开沟时，挖出的表土和底土应分别放在两侧。最好是春栽秋挖穴，秋栽夏挖穴。提前挖掘定植穴，可使坑内土壤有较长的风化时间。如果土壤黏重或下层为石砾，则应加大定植穴，并采用客土、掺煤灰渣、增施肥料或表层土等办法，以改良土壤质地，为根系生长创造良好的条件。定植穴挖好后，必须先做好定植穴的回填工作，将表土和有机肥、化肥混合回填。每穴施优质农家肥30～50 千克，磷肥 1～2 千克。在肥料不足时，坑底可放 30 厘米厚的树叶、蒿草或碎秸秆。若浇灌人粪尿，则效果更好。

## 第四节　标准化栽植

我国幅员辽阔，气候、地形多种多样，发展核桃极为有利。因地制宜，适地适树，发展良种，科学栽培，注重效益，是栽植核桃树应遵循的基本原则。

## 一、苗木选择标准

建立优质高效核桃园，选用嫁接壮苗十分重要。忌栽实生苗、假嫁接苗和劣等苗。有了优良品种，若苗木达不到健壮要求，也会直接影响到栽植成活率和商品性生产，往往造成前功尽弃的严重后果。因此，为保证核桃商品生产健康发展，必须注重核桃壮苗标准及其保护措施。①苗砧长度在 20 厘米以下，愈合牢固，嫁接结合处粗度 1 厘米以上，高度不少于 60 厘米，有 5 个以上饱满芽。②根系较为完整，主根长度在 30 厘米以上，有 5 条以上侧根，侧根长度在 20 厘米以上。③无检疫病虫和风干、日灼与冻害现象。④随栽植随起苗，起苗前要浇透水。最好在无风的阴天起苗。起苗后要遮住苗根，不让风吹日晒。⑤调运、装车前要分级，并分品种包装。每 10 株或 20 株一捆，树根蘸泥浆，用塑料袋套护，并用篷布封围，保证运输过程无风吹袭，不脱水分，卸车后立即栽植。当日栽不完者，要假植保护，或放在屋内用湿沙埋藏。

## 二、品种选配标准

不同立地类型，有最适宜的栽培方式和最优良的栽培品种。我国北方核桃栽培区的立地类型，大体分为三类：一是平川区，交通、气候、土壤与灌溉条件较好，可建立中等密度园。适宜栽培的品种有：中核短枝、中核 2 号、中核 3 号、鲁光、丰辉、香玲、中林 1 号、中林 3 号、薄丰、薄壳香和扎 343 等。二是低山丘陵区，各种条件较平川区差，但昼夜温差大，通风和光照条件好，有利于提高果实品质。可根据小地形建立集约化栽培园。适宜栽培的品种有：中核 1 号、中核短枝、辽宁 1 号、辽宁 3 号、辽宁 4 号、中林 5 号、西扶 1 号、陕核 1 号和陕核2号。三是中山丘陵区，栽培条件最差。一般海拔在1 000米以上，坡度在20度以上，土壤有机质在0.8%以下，无霜期为160天左右，是栽培核桃最差的区域。在这类地区可选择晚实品种，密度不要过大，宜搞林粮间作。适宜栽培的品种有清香、西洛1号、西洛2号、礼品1号和礼品2号等。

核桃属雌雄同株，但绝大多数雌雄花期自然不一，形成异株授粉。大面积栽培核桃应考虑授粉问题。因此，栽培时应着重选用口感好、壳薄、出仁率高、果仁颜色一致和丰产性强的雌先型品种，如中核1号、中核2号、中核短枝、中林1号、中林3号、绿波、温185、京861、礼品2号和辽核5号等。栽培同时，要选用与雌先型品种花期一致、花期长和花粉多的雄先型品种，如扎343、辽核1号、香玲、薄壳香和中林5号等（表4-1），以保证授粉受精，提高坐果率。主栽品种和授粉品种比例按3∶1或5∶1隔行配置，便于分品种管理和采收。

**表4-1 主要核桃品种的适宜授粉品种**

| 主栽品种 | 授粉品种 |
|---|---|
| 晋龙1号、晋龙2号、晋薄2号、西扶1号、香玲、西林3号 | 北京861、阿扎343、鲁光、中林5号 |
| 北京861、鲁光、中林3号、中林5号、阿扎343 | 晋丰、薄壳香、薄丰、晋薄2号 |
| 薄壳香、晋丰、辽核1号、新早丰、温185、薄丰、西洛1号、西洛2号 | 温185、阿扎343、北京861 |
| 中林1号、中核短枝、中核1～3号 | 辽核1号、香玲、中林3号、辽核4号 |

## 三、标准的栽植密度和方式

核桃树喜光，生长快，成形早，经济寿命长，可以适当密植。栽植密度应根据立地条件、品种特性和管理水平而异。栽植密度确定以后，本着经济利用土地，便于耕作的原则来确定栽植方式，同时要考虑品种的生物学特性。常用的栽植方式有长方形栽植、正方形栽植、三角形栽植、等高栽植、带状栽植和计划密植等方式。一般在土层深厚、肥力较高的条件下，株行距应大些，可采用 5 米×6 米或 6 米×8 米的标准。山地栽植以梯田面宽度为准，一般的一个台面栽一行，超过 10 米的可栽 2 行。株距一般为 4～6 米。实行果粮间作的核桃园，栽植密度不宜硬性规定，一般的株行距为 5 米×10 米或 6 米×12 米。对于早实核桃，因其结果早，树体较小，可按先密后稀的顺序进行计划密植，多采用 3 米×4～5 米的株行距定植。当树冠郁闭，光照不良时，即进行隔株间伐；再郁闭时，可再次间伐。据河南省林州市林业局对辽核 1 号第四年的观测，核桃园过密容易及早郁闭，影响产量，从而缩短丰产园的寿命；而株行距超过 5 米×5 米时，前期产量上不去，不能充分利用土地，影响前期效益（表 4-2）。近年来，有些地区利用短枝型品种进行密植（株行距为 2 米×3 米）栽培试验，也获得了较大成功，各地可试验推广。

**表 4-2　辽核 1 号种植密度与产量的关系**

| 密度（米×米） | 面积（667 米$^2$） | 株数 | 观测年份的产量（千克） | | | | | |
|---|---|---|---|---|---|---|---|---|
| | | | 1995 年 | 1996 年 | 1997 年 | 1998 年 | 1999 年 | 2000 年 |
| 3×4 | 6 | 330 | 627 | 950 | 1150 | 1350 | 1410 | 1500 |
| 3×5 | 6 | 265 | 503 | 765 | 980 | 1200 | 1370 | 1560 |
| 4×4 | 6 | 248 | 470 | 720 | 920 | 1101 | 1300 | 1520 |
| 4×5 | 6 | 200 | 380 | 580 | 780 | 940 | 1200 | 1510 |
| 5×5 | 6 | 160 | 304 | 470 | 630 | 770 | 960 | 1100 |

## 四、标准的栽植时期和方法

春季和秋季，均为栽植核桃的好季节。春栽多在土壤解冻后至萌芽前进行。秋季多在落叶以后至地面上冻以前栽植。在高海拔寒冷，多风地区，人们习惯于春栽；秋栽苗木易抽条或受冻。在冬季温暖不干旱地区，秋栽比春栽效果好，所栽核桃树伤口伤根可以愈合，翌春发芽早而且生长壮，成活率高。容器核桃苗栽植不受季节限制，一年四季均可栽植。根系带土团的核桃苗，可利用阴雨天栽植，随挖随栽，成活率也很高，不落叶，没有缓苗期。

栽植前，苗木要进行根系修剪，并用石硫合剂溶液，进行浸泡蘸根处理。远途调运苗，需在清水中浸泡一昼夜后栽植。栽植时要把苗木摆放在定植穴的中央，填土固定，力求横竖成行。苗木栽植深度以该苗原入土深度为宜。过深生长不良，树势衰弱；过浅容易干旱，造成死苗。栽时要使根系舒展，均匀分布，边填土边踩实，并将苗木轻轻摇动上提，避免根系向上翻，使之与土壤密接，直至将土填平、踩实为止。在树的周围要做树盘，然后充分灌水。水完全下渗后，再于其上覆盖一层松土，并覆盖一层一米见方的地膜。地膜中间略低，四周用土压紧。这样可以保墒，提高地温，防治虫害，抑制杂草，提高成活率，而且苗木发芽快、生长旺盛。

# 第五节　栽后标准化管理

“三分栽，七分管”。栽后管理非常重要。第一，必须留足营养带，至少 1 米见方，以确保其他作物不与核桃幼苗争水争肥。第二，覆盖至少 1 平方米的薄膜，不仅可以减少水分蒸发，提高地温，促进根系提前愈合；还可以控制杂草生长。第三，如果是秋季栽植，在上冻前要给树干全部涂白；要把较低的苗木用土堆埋好；对较高的苗木，可以压倒覆土，也可以用塑料薄膜包扎严实。到次年春天发芽前，把土扒开，解开薄膜。这样做的目的，是为了防止苗木受冻干枯，影响成活。第四，苗木成活稳定后，要及时抹除下部侧芽和砧木上的萌芽，并摘除雌雄花芽。第五，栽后第一年，如果遇到严重干旱，要及时浇水，确保苗木成活。第六，在树冠未郁闭前，可根据实际情况，在留足营养带的情况下，可合理间作套种豆类、蔬菜、牧草、绿肥及浅根性中药材等。

# 第五章　土肥水标准化管理

土、肥、水管理，是果树生产中的基础内容和根本措施。核桃树是多年生植物，树大根深，长期生长在一个地方，必须从土壤中吸收大量的营养物质，才能满足其生长发育的需要。我国的核桃园往往建立在土壤条件较差的山地、沙地和盐碱地，土壤有机质含量低，水利设施配套差。为了提高核桃园的生产效益，确保早结果、早丰产、稳产和优质，就必须在果园的土、肥、水管理上下工夫。

## 第一节　土壤标准化管理

土壤资源只有在合理开发利用和管理的基础上，才能充分发挥其应有的作用。如果在农业生产中只注重当前利益，忽视了土壤的科学利用和管理，就会出现一系列问题，从而影响生产效益。

### 一、深翻改土

深翻改土是核桃园改良土壤的重要技术措施之一。它不仅有利于改善土壤结构，增加透气性，提高保水、保肥能力，减少病虫害发生，还有利于根系向深处发展，扩大树体营养吸收范围。具体方法是：每年或隔年在采果前后，沿大量须根分布区的边缘，向外扩宽 50 厘米左右；深翻部位，为树冠垂直投影边缘内外，挖围绕树干的半圆形或圆形沟，深 60～80 厘米。然后将表层土混合基肥和绿肥或秸秆，放在沟的底层，将心土放在上面，最后用大水进行浇灌。深翻时，应尽量避免伤及1厘米以上的粗根。

## 二、中耕除草

中耕和除草，是核桃园土壤管理中经常采用的两项紧密结合的技术措施，中耕是除草的一种方式，除草也是一种较为简单的中耕。

中耕的主要作用是：改善土壤温度和通气状况，消灭杂草，减少养分水分竞争，造就深、松、软、透气和保水保肥的土壤环境，以促进根系生长，提高核桃园的生产能力。中耕在整个生长季中可进行多次。在早春解冻后，及时耕耙或浅刨全园，并结合镇压，以保持土壤水分，提高土温，促进根系活动。秋季可进行深中耕，使干旱地核桃园多蓄雨水，涝洼地核桃园可散墒，防止土壤湿度过大及通气不良。

除草，在不需要进行中耕的土地，也可单独进行。杂草不但与核桃树竞争养分和阳光，有的还是病菌的中间寄主和害虫的栖息处，容易导致病虫害蔓延。因此，需要经常进行除草工作。除草宜选择晴天进行。近些年因劳力较紧张，人力除草费用较高，许多专业户采用化学除草剂除草。若使用百草枯、草甘膦等药物除草，效果良好。一般百草枯多用于浅根、无地下茎的阔叶杂草，每667平方米用20%百草枯150～200毫升，对水750～1 000升；草甘膦多用于深根、有地下茎的一年生和多年生杂草，每667平方米用41%草甘膦300～360毫升，对水75～100升。若核桃园有上述两类杂草，可将百草枯与草甘膦交替或混合使用，除草效果更显著。施药时，注意不能喷到树上，尽量离植株一定距离，喷头向下，最好在无风时进行。

## 三、生草栽培

以往果园土壤管理多采用全园清耕法，这种方法虽然能够及时清除杂草，使土壤疏松，通气良好。但长期清耕会使土壤裸露，表土流失，养分溶脱，土壤团粒结构破坏，目前提倡推广生草少耕栽培法。

生草少耕法，是指在果园行间人工种草或自然留草，树盘外全部生草的一种果园管理方法。这种方法既可有效地增加土壤覆盖度，避免园土被冲刷；又可改善土壤团粒结构，增加土壤有机质。同时，在夏、秋高温干旱季节可以稳定果园土壤温度和湿度，改善果园生态环境，促进果园有益生物，如瓢虫、捕食螨和草蛉等繁衍。其主要方法是：

### （一）生草少耕

实行生草少耕法的核桃园，在一年中进行 2～3 次中耕除草工作。中耕时对树盘内浅耕，促进根系生长。行间保持自然生草，可以起到提高冬季和早春土温，减少水土流失，改善果园生态环境，防止高温落果的作用。自然生草的草种，主要是选用生长量大、矮秆、浅性须根、与核桃无共同病虫害，且有利于核桃害虫天敌及微生物繁殖的杂草，如苜蓿、白三叶草等。生草前应及时人工或用除草剂除去其他恶性杂草，如白茅、香附子和马根草等。

### （二）覆盖抗旱

在冬春季干旱，特别是夏季持续高温伏旱的时候，将行间生草及时刈割覆盖地表，或任其自然枯萎，也可用除草剂加速枯萎，对树盘、行间进行全面覆盖。覆盖时要注意，离根颈 15～30 厘米内不能覆盖。秋季压入土壤中，可以起到减少水分蒸发、降温、保温和防止水土流失的作用。

**(三)适时深耕**

连续4～5年生草后，结合草种更新，将全园深翻一次，以改良深层土壤结构，提高土壤透气性。

当然，生草栽培不是不加控制地让杂草无限度地生长，而是在人为控制的情况下，抑制恶性杂草生长，培育良性草的优势种群，并且控制其高度在30～50厘米，一般7月底雨季结束前要刈草一次，10月中下旬再刈草一次。

## 四、园地覆盖

果园覆盖，就是用秸秆，包括小麦秆、油菜秆、玉米秆与稻草等农副作物和野草，或薄膜覆盖果园的方法。在果园中进行覆盖，能增加土壤中的有机质含量，调节土壤温度(冬季升温、夏季降温)，减少水分的蒸发与径流，提高肥料利用率，控制杂草生长，避免秸秆燃烧对环境造成的污染，提高果实品质。

覆草，一年四季都可进行，但以夏末秋初为最好。覆草厚度以15～20厘米为宜。覆时要在草上进行点状压土，以免被风吹散或引起火灾。

覆盖地膜，一般选择在早春进行，最好是春季追肥、整地、浇水或降雨后，趁墒覆盖地膜。覆盖地膜时，四周要用土压实，最好使中间稍低，以利于汇集雨水。在干旱地区覆盖地膜，可显著提高幼树的成活率。所以，以新植的幼树覆地膜尤为重要。

## 五、合理间作

核桃园间作，在国内外均有成功的实例，在生产上也日益受到重视。核桃较其他果树容易管理，与粮食作物没有共同的病虫害。一般年份,病虫发生较轻,用药次数少,不会污染环境。肥水方面虽存在矛盾,但是只要加强肥水管理,科学调整粮食作物,便能获得树上树下双丰收。因此,核桃园间作,不仅可以充分利用光能、地力和空间,特别是可以提高幼龄核桃园的早期经济效益。例如,单一种植的早实核桃园,需4年时间才能达到收支平衡。间作栽培的核桃园,则在建园当年就因间种作物的收益而达到收支平衡。目前,核桃园间作,已成为我国果农普遍采用的一种重要的栽培方式。

间作物的种类,国外主要在行间种植绿肥作物,如三叶草、苜蓿、毛叶苕子或豆科植物,目的在于抑制草荒、增加土壤有机质,同时也可以增加肥源。国内间作的植物种类较多,包括薯类和豆科等低秆类作物、禾谷类作物以及果树苗木。河南省济源市在核桃园中套种中药材植物和小辣椒,也取得了很好的收益。具体间作什么作物,要依据核桃园条件、肥力等因素的不同,区别对待。

**(一)果粮间作**

在立地条件好、肥力高的地块,可以实行果粮间作。这时,核桃树的栽培株行距比较大,可以间作豆类、花生与瓜菜等。我国的河南、河北、山西、云南和西藏等地,均有此种模式。

**(二)树下培养食用菌**

对立地条件比较好的老核桃园或密植核桃园,园内树冠接近郁闭的,树冠下面和行间荫蔽少光,不适宜间种作物。但可以培养食用菌来增加收入。

**(三)间作绿肥作物**

利用荒山、滩地营建起来的核桃园,大多立地条件差,肥力较低,核桃树生长势不旺。这一类地块应该间作绿肥或豆类作物，以增加土壤有机质，改善土壤结构，提高肥力。

## 第二节　标准化施肥

### 一、肥料选择标准

20 世纪 70 年代以来，随着化肥的开发与应用，化肥的用量大幅度增长，有机肥施用量不断减少，大有以化肥取代有机肥的趋势。化肥在核桃的生产中起到了举足轻重的作用，但化肥的大量施用也有很多不良之处。如造成土壤污染、地下水污染、土壤板结、病虫害严重发生和果品品质下降，甚至造成增产增收幅度小等现象。这也与目前发展绿色食品，以及农业走可持续发展道路相矛盾。

因此，在施肥时，应以有机肥料，如腐熟的厩肥、堆肥和饼肥、绿肥等为主，配合施用适量的化肥；以土壤施肥为主，配合根外施肥（叶面喷肥）的原则。选用符合生产无公害果品要求的肥料，进行科学施肥。

选择肥料时，不仅要考虑核桃的树龄、树势、品种、立地条件和树体生长状况，还要充分考虑养分平衡、肥料利用率和肥料搭配等。

### 二、核桃不同时期的施肥标准

核桃喜肥。据有关资料，每收获 453.6 千克核桃，要从土壤中夺走纯氮 12.25 千克。丰产园每年每 100 平方米要从土壤中夺走氮 90.7 千克。适当多施氮肥，可以增加核桃出仁率。氮、钾肥还可以改善核仁品质。但是，核桃在不同个体发育时期，其需肥特性有很大差异。在生产上确定施肥标准时，一般将其分为幼龄期、结果初期、盛果期和衰老期四个时期。

### （一）幼龄期施肥标准

从长出幼苗开始到开花结果前，嫁接苗从嫁接开始到开花结果前，均是核桃树的幼龄期。此期根据苗木情况的不同，持续的时间也不同。早实核桃品种一般为 2～3 年，如鲁光，丰辉，香玲，辽宁 1 号、3 号、4 号，中林 1 号、中林 5 号和西扶 1 号等；晚实核桃品种一般为 3～5 年，如晋龙 1 号、晋龙 2 号和西洛 2 号等；实生种植苗可在 2～10 年不等。此期，营养生长占据主导地位，树冠和根系快速地加长、加粗生长，为迅速转入开花结果积蓄营养。栽培管理和施肥的主要任务，是促进树体扩根和扩冠，加大枝叶量。此期应大量满足树体对氮肥的需求，同时注意磷钾肥的施用。

### （二）结果初期施肥标准

此期是指开始结果至大量结果且产量相对稳定的时期。营养生长相对于生殖生长逐渐缓慢，树体继续扩根、扩冠，主根上侧根、细根和毛根大量增生，分枝量、叶量增加，结果枝大量形成，角度逐渐开张，产量逐年增长。栽培管理和施肥的主要任务是，保证植株良好生长，增大枝叶量，形成大量的结果枝组，使树体逐渐成形。此期对氮肥的需求量仍很人，但要适当增加磷钾肥的施用量。

### （三）盛果期施肥标准

此期核桃树处于大量结果时期。营养生长和生殖生长处于相对平衡的状态，树冠和根系已经扩大到最大限度，枝条、根系均开始更新，产量、效益均处于高峰阶段。此期，应加强施肥、灌水、植保和修剪等综合管理措施，调节树体营养平衡，防止出现大小年结果现象，并延长结果盛期的时间。因此，树体需要大量营养，除施用氮、磷、钾肥外，增施有机肥是保证高产稳产的措施之一。

### (四)衰老期施肥标准

此期产量开始下降,新梢生长量极小,骨干枝开始枯竭衰老,内部结果枝组大量衰弱直至死亡。此期的管理任务是:通过修剪对树体进行更新复壮,同时加大氮肥供应量,促进营养生长,恢复树势。

实际操作时,核桃园的施肥标准,需综合考虑具体的土壤状况、个体发育时期及品种的生物学特点来确定。由于各核桃产区土壤类型繁杂,栽培品种不同,需肥特性也不尽相同,各地肥水管理水平差异较大,因此,施肥时可根据具体条件,参照表 5-1 灵活掌握。

**表 5-1　核桃树施肥时期及标准**

| 时　期 | 树龄(年) | 每株树平均施肥量(有效成分)(克) | | | 有机肥(千克) |
|---|---|---|---|---|---|
| | | 氮 | 磷 | 钾 | |
| 幼树期 | 1～3 | 50 | 20 | 20 | 5 |
| | 4～6 | 100 | 40 | 50 | 5 |
| 结果初期 | 7～10 | 200 | 100 | 100 | 10 |
| | 11～15 | 400 | 200 | 200 | 20 |
| 盛果期 | 16～20 | 600 | 400 | 400 | 30 |
| | 21～30 | 800 | 600 | 600 | 40 |
| | > 30 | 1200 | 1000 | 1000 | > 50 |

## 三、施肥方法

核桃树在一年的生长过程中,可分为两个阶段:生长期和休眠期。生长期从春季芽萌动开始,经过展叶、开花、坐果、枝条生长、花芽分化及形成、果实发育、成熟和采收，直至落叶结束；休眠期从落叶后开始，到第二年春季芽萌动前为止。在一年的生长发育中，开花、坐果、果实发育、花芽分化和形成期，均是核桃树需要营养的关键时期，应根据核桃的不同物候期，进行合理的施肥。

### (一)施 基 肥

多以迟效性有机肥为主。它能够在比较长的时间内，为树木生长发育提供含有多种营养元素的养分，而且能很好地改良土壤理化性状。基肥可以秋施，也可以春施，但一般以秋施为好。秋季核桃果实采收前后，树体内的养分被大量消耗，并且根系处于生长高峰，花芽分化也处于高峰时期，急需补充大量的养分。同时，此时根系旺盛生长，有利于吸收大量的养分，光合作用旺盛，树体贮存营养水平提高；有利于枝芽充实健壮，增加抗寒力。

秋施基肥以早为好，过晚不能及时补充树体所需养分，影响花芽分化质量。一般核桃基肥在采收前后(9 月份)施入为最佳时间。施肥以有机肥为主，加入部分速效性氮肥或磷肥。施基肥可以采取环状施肥、放射状施肥或条状沟施肥等方法，但以开沟 50 厘米左右深施，或结合秋季深翻改土施入为最好。施肥时，一定要注意全园普施和深施，然后灌足水分。

### (二)追 肥

追肥是为了满足树体在生长期，特别是生长期中的几个关键需肥时期所急需的养分，而施入以速效性肥料为主的肥料。它是基肥的必要补充。

追肥的次数和时间，与气候、土壤、树龄和树势等诸多因素均有关系。高温多雨地区，砂质壤土，肥料容易流失，追肥宜少量多次；树龄幼小、树势较弱的树，也宜少量多次追肥。

追肥应满足树体的养分需要，因此，施肥与树体的物候期也紧密相关。在萌芽期，新梢生长点较多，花器官中次之；在开花期，树体养分先满足花器官需要；在坐果期，先满足果实养分需要，新梢生长点次之。全年中，开花坐果时期是需肥的关键时间，一般幼龄核桃树以每年追肥 2～3 次，成年核桃树以每年追肥 3～4 次为宜。

**1. 第一次追肥** 根据核桃品种及土壤状况进行追肥。早实核桃一般在雌花开放以前施入，晚实核桃在展叶初期(4 月上中旬)施入。此期，是决定核桃开花坐果、新梢生长量的关键时期，要及时追肥，以促进开花坐果，增大枝叶生长量。肥料以速效性氮肥为主，如硝酸铵、磷酸氢铵和尿素，或者是果树专用复合肥料。施肥方法采用放射状施肥、环状施肥与穴状施肥均可。施肥深度应比施基肥浅，以 20 厘米左右为佳。

**2. 第二次追肥** 早实核桃开花后，晚实核桃展叶末期(5 月中下旬)施入。此期，新梢的旺盛生长和大量的坐果，要消耗大量的养分，及时追施氮肥可以减少落果，促进果实的发育和膨大，同时促进新梢生长和木质化。另外，核桃树在硬核期的前 1～2 周内，也正是形成雌花芽的基础阶段，适时适量增施速效性肥料，能够提高氮素营养的水平，增加树体糖类的积累，有利于花芽的分化。肥料以速效性氮肥为主，并增施适量的磷肥(过磷酸钙、磷矿粉等)和钾肥(硫酸钾、氯化钾、草木灰等)。施肥方法与第一次追肥方法相同。

**3. 第三次追肥** 对结果期核桃树，在 6 月下旬硬核后施入。此期，核桃树体主要进入生殖生长旺盛期，核仁开始发育，同时花芽进入迅速分化期，需要大量的氮、磷、钾肥。施入肥料以磷肥和钾肥为主，并适量施入氮肥。如果以有机肥进行追肥，要比追施速效性肥料提前20～30天施入，以鸡粪、猪粪和牛粪等为主，施用后的效果会更好。追施方法同第一次追肥。

**4. 第四次追肥** 果实采收以后施入。采果后，由于果实的发育消耗了树体内大量的养分，花芽继续分化也需要大量的养分。因此，应及时补充土壤养分，以使调节树势，增进花芽分化质量，增加树体养分积累，提高树体抵抗不良环境的能力，增加抗寒能力，顺利越冬。

**(三)叶面喷肥**

又称根外追肥，为土壤施肥的一种辅助性措施。这是将一定浓度的肥料溶液，用喷雾工具直接喷洒到果树枝干和叶片上，以提高果实质量和数量的施肥方法。

叶面喷肥利用了果树上部，包括枝、叶、果皮等器官能直接吸收养分的特性，具有直接性和速效性等优点。一般根外施肥15分钟到2小时后，便可以被吸收，特别是在遇到自然灾害或突发性缺素症时，或者为了补充极易被土壤固定的元素，通过根外施肥可以及时挽回损失。根外追肥成本低，操作简单，肥料利用率高，效果好，是一种经济有效的施肥方式。

根外追肥的肥料种类、浓度和喷肥时间，主要依土壤状况、树体营养水平而定。喷肥的原则是：生长期前期浓度可适当低些，后期浓度可高些，在缺水少肥地区次数可多些。一般根外施肥宜在上午8～10时或下午4时以后进行，阴雨或大风天气不宜进行。如喷肥15分钟之后下雨，可在天气变晴以后补施一遍。

喷肥一般可喷0.3%～0.5%尿素、过磷酸钙、磷酸钾、硫酸铜、硫酸亚铁和硼砂等肥料，以补充氮、磷、钾等大量元素和其他微量元素的不足。花期喷硼可以提高坐果率。5～6月份喷硫酸亚铁,可以使树体叶片肥厚,增强光合作用;7～8 月份喷硫酸钾,可以有效地提高核仁品质。

## 第三节　水分管理

目前,在核桃生产中,水分管理也是综合管理中一项重要的措施,正确把握灌水的时间、次数和用量,显得十分重要。

### 一、需水规律及灌水时期与灌水量的确定

#### (一)核桃的需水特性

核桃对空气的干燥度不敏感,对土壤的水分状况却比较敏感。长期晴朗干燥的气候,充足的日照和较大的昼夜温差,只要有良好的灌溉条件,也能促进核桃大量开花结实,并提高果仁的品质和产量。核桃幼龄期树生长季节前期干旱,后期多雨,枝条易徒长,造成越冬抽条;土壤水分过多,通气不良,根系的呼吸作用受阻,严重时会使根系窒息,影响树体的生长发育。土壤过旱或过湿,对核桃的生长和结实状况均产生不良的影响。因此,只有根据核桃树的代谢活动规律,科学进行灌水和排水,才能保证树体的根、枝、叶、花、果的正常分化和生长,达到核桃优质高效的生产目的。

#### (二)灌水时期的确定

核桃属于生长期需水分较多的树种。水分的供给,通过根系从土壤中吸收,然后被运送到树体地上部各器官的细胞中。由于细胞膨压的存在,才使各器官保持其各自的形态。

叶片的光合作用,必须有水的参加,才能持续进行。叶片制造的有机养分,都要通过溶液形态才能运送到树体的各个

部位。根系吸收的养分，只有通过水的作用，才能被根系吸收或转运到地上部各器官。

总的来说，核桃树的一切生理活动，如光合作用，蒸腾作用，养分的吸收和运转，都离不开水。没有水，就没有树体的生命活动。

一般情况下，年降水量在 600～800 毫米，且降水量分布均匀的地区，可以满足核桃生长发育的需要，不需要灌水。但在降水量不足或者年降水量分布不均的地区，就要通过灌水措施来补充水分。我国南方核桃产区，年降水量在 800～1 000 毫米，对核桃树不需要灌水。但北方地区的年降水量却只有 500 毫米左右，并且经常出现春季、夏季雨水分配不均，缺水干旱的现象，因此应该通过灌溉补充水分。

一年当中，树体的需水规律与器官的生长发育状况是密切相关的。关键时期缺水，就会产生各种生理障碍，影响核桃树体的正常生长发育和结实。因此，要通过灌水来保证核桃生长发育的需要。但灌水的时间与次数，应根据当地核桃树的立地条件、气候变化、土壤水分和树体的物候期来具体确定。以下是核桃生长发育过程中几个需水关键时期。如果缺水，就需要通过灌溉来及时补充水分。

**1. 萌芽开花期灌水** 此期（3～4 月份）树体需水较多。经过冬季的干旱和休眠，核桃又进入芽萌动且开始抽枝和展叶的阶段。此时的树体生理活动变化急剧而且迅速，一个月时间要完成萌芽、抽枝、展叶和开花等过程，需要大量的水分。只有这样，才能满足树体生长发育的需要。此期如果缺水，就会严重影响新根的生长、萌芽的质量、抽枝的快慢和开花的整齐度。因此，每年要灌透萌芽水。

**2. 开花后灌水** 此期（5～6 月份）雌花受精后，果实进入迅速生长期，占全年生长量的80%以上。同时，雌花芽的分化已经开始。这两方面均需要大量的水分和养分，这时是全年需水的关键时期。因此，干旱时，要灌透花后水。

**3. 花芽分化期灌水** 此期(7～8月份)核桃树的生长发育比较缓慢，但是核仁的发育已经开始，并且急剧而迅速，同时花芽的分化也正处于高峰时期，均要求有足够的养分、水分供给树体。通常此时正值北方地区的雨季，不需要进行灌水。如果遇到长期高温干旱的年份，则需要灌足水分，以免因缺水，而给生产造成不必要的损失。

**4. 封冻前灌水** 10月末至11月份落叶前，树体需要进行调整，应结合秋施基肥灌足封冻水。这样，既可以使土壤保持良好的墒情，又能加速秋施基肥的分解，有利于树体吸收更多的养分，并进行贮藏和积累，提高树体新枝的抗寒性，也为越冬后树体的生长发育贮备必要的营养。

**(三)灌水量的确定**

最适宜的灌水量，是在一次灌溉中能使核桃根系分布范围内的土壤湿度，达到最有利于生长发育的程度。若只浸润表层，则核桃根系分布范围的土壤不能达到灌水的要求，而多次补充灌溉，又容易引起土壤板结。因此，灌水必须一次灌透。一般以灌透1米深为宜。对于灌水量的计算方法有多种，这里只介绍一种比较常用的方法。根据不同土壤的持水量，即根据灌溉前的土壤湿度、土壤容重、要求土壤浸湿的深度，计算一定面积的灌水量，其公式如下：

灌水量＝灌溉面积×土壤浸湿深度×土壤容重×(田间持水量－灌溉前土壤湿度)

假设要灌溉1公顷(15×667平方米)核桃园，使1米深度的土壤湿度达到田间持水量(23%)，该土壤容重为1.25，灌溉前根系分布层的土壤湿度为15%。按上述公式计算：灌水量=15×667×1×1.25×(0.23-0.15)=1 000吨。灌溉前的土壤湿度，在每次灌水前均需测定；田间持水量、土壤容重、土壤浸湿深度等项，可数年测定一次。

## 二、适宜灌水方式及相应的设施建设

### (一)沟　灌

沟灌，又叫浸灌。其优点是，灌溉水经沟底和沟壁渗入土中，对核桃果园土壤浸润较均匀，而且不会破坏土壤结构，所以是灌溉常用的一种方法。其缺点是需水量较大。

### (二)喷　灌

喷灌，是利用机械将水喷射成雾状而实施的灌溉。喷灌的优点是节省用水，能减少灌水对土壤结构的不良影响，工效高。喷布半径约25米。喷灌还有调节气温、提高空气湿度等改善果园小气候的作用。据报道，在夏季进行喷灌，能降低果园空气温度2.0℃～9.5℃，降低地表温度2℃～19℃，提高果园空气湿度15%。喷灌也适用于地形复杂的山坡地。喷灌的设备，包括水源、动力机械和水泵构成的固定泵站，或利用有足够高度的水源、干管与支管组成。干管与支管埋入土中，喷头装在与支管连接固定的竖管上。

微型喷灌在美国很普及，是目前灌溉技术中较先进的方法。进行低头微型喷灌，每株一个喷头，干旱时每天喷雾多次，使土壤水分保持比较合适的程度。据报道，微型喷雾能有效地减轻冻害，因而用微喷防冻，可收到明显的效果，一般能提高气温0.5℃～1.5℃。若改低位微型喷灌为高位，对防霜冻有更好的效果。

### (三)滴　灌

滴灌,又叫滴水灌溉。它是将具有一定压力的水,通过一系列管道和特制的毛管滴头,将水一滴一滴地渗入核桃树根际的土壤中,既能使土壤保持最适于植株生长的湿润状态,又能维持土壤的良好通气状态。滴灌还可结合进行施肥,不断地供给根系养分。滴灌能节约用水,据试验,比喷灌节省用水一半左右。滴灌不会产生地面水层和地面径流,不破坏土壤结构,土壤不会板结;也不至于过干或过湿。一个滴头的流量为2.4升/小时,每株4个滴头,连续15小时可滴水145升。滴灌可达40～50厘米深、200厘米宽的范围,土壤含水量可达田间持水量的70％～80％。

但是,滴灌需要管材较多,投资较大;管道与滴头容易堵塞,要求有良好的过滤设备;滴灌对调节果园小气候的作用也不如喷灌。

### (四)园区雨水的积蓄及利用

在干旱少雨的北方地区,雨量分布不均匀,大多集中在6～8月份,有限的水也会造成大量的流失。所以,加强对园区雨水的积蓄及利用,显得十分重要。

河南省济源市经过多年的摸索和实践,总结出了一套修建水窖,积蓄雨水的配套技术。水窖是干旱、半干旱地区推行的一种用于集纳雨水、保存和利用雨水的封闭式贮水设施。修建水窖要注意以下几点:一是要有一定的径流面积,保证暴雨过后有足够的径流水灌满水窖;二是水层厚度要不小于5米;三是要进行严格的防渗处理。建造水窖规格的技术要点如下:

#### 1. 水窖规格

**(1)水窖主体**　包括窖口、瓶颈段和蓄水段三部分。水窖体为坛形,口小肚大,此形体既能多蓄水又能防冻、防蒸发,便于水体的保护。

窖口:窖口直径为 0.8 米。

瓶颈段:窖口到蓄水段的不蓄水段,为较细的瓶颈段,深度为 1.5 米左右。

蓄水段:即水窖蓄水部分,为水窖的主体部分,深度为 4.5 米,其直径由顶部起逐渐加大,最大直径为 4 米。然后逐步缩小,窖底直径为 3 米。

从窖口到窖底的总深度为 6 米。

**(2)水窖附属设施** 包括窖口台、窖盖、进水管、沉淀池和集水沟等。

窖口台:用来保护窖口,防止水的蒸发,并保护人、畜安全。

窖盖:用水泥钢筋制成,直径为 0.9 米。

进水管:用于将沉淀池中的水引入水窖。进水管可以是塑料管,也可是水泥管。

沉淀池:一般宽 1 米,长 1.5 米,深 1 米。沉淀池距窖口 2~3 米。

集水沟:用以将汇水面的径流引进沉淀池。

**2. 施工技术要点**

第一,水窖开挖至少需要两人,施工时要注意安全,如遇砂砾层和软土层应停挖,另选窖址。

第二,施工最好在春秋季进行,如雨季施工应将窖口用土围好,防止地面水流入水窖。

第三,窖挖好以后,要将窖壁整光,并挖出 3 个扣带。扣带要上、中、下分布均匀,起支撑加固作用。每个扣带宽、深各 0.1 米。

第四,窖壁、窖底抹水泥三层。水泥砂浆中的水泥和砂的配比为:第一层1∶3,第二、第三层均为1∶2,砂浆抹层总厚为3～4厘米。第三层要压光净面,最后刷浆一层。

## 三、保墒方法

### (一)薄膜覆盖

一般在春季的3～4月份进行。覆盖时,可顺行覆盖或只在树盘下覆盖。覆膜能减少水分蒸发,提高根际土壤含水量,盆状覆膜具有良好的蓄水作用;覆膜能提高土壤温度,有利于早春根系生理活性的提高,促进微生物活动,加速有机质分解,增加土壤肥力;还能明显提高幼树栽植成活率,促进新梢生长,有利于树冠迅速扩大。

### (二)果园覆草

一年四季均可进行,以夏季(5月份)为好。提倡树盘覆草。新鲜的覆盖物最好经过雨季初步腐烂后再用。覆草后有不少害虫栖息草中,应注意向草上喷药,以收到集中诱杀效果。秋季应清理树下落叶和病枝,防治早期落叶病、潜叶蛾和炭疽病等病虫害。不少平原地区的果农总结改进了果园覆草技术,即进行夏覆草、秋翻埋的树盘(树畦)覆草,每年5月份进行,用草量为1 500千克左右,厚度保持5厘米左右,盖至秋施基肥时翻入地下。

### (三)使用保水剂

保水剂是一种高分子树脂化工产品,外观像盐粒,无毒,无味,为白色或微黄色中性小颗粒。它遇到水以后,能在极短的时间内吸足水分,其颗粒吸水后能膨胀350～800倍,形成胶体,即使对它施加压力,也不会把水挤出。把它掺到土壤中,就像一个贮水的调节器,降水时它贮存雨水,并把水分牢固地保持在土壤中,干旱时释放出水分,持续不断地供给果树根系吸收。它本身因释放出水分也不断收缩,逐渐腾出了所占据的空间,有利于增加土壤中的空气含量。这样,就能避免由于灌溉或雨水过多,而造成的土壤通气不良。它不仅能吸收雨水和灌水,还能从大气中吸收水分。它能在土壤中反复吸水,可连续使用3～5年。

## 四、防渍排水

栽植在平原地带、低洼地区和河流下游地区的核桃树,地表往往会有积水或者地下水位太高,会严重影响核桃树的正常生长发育。因此,应及时排水防渍,以免对树体造成不利的影响或降低产量。

排水和降低地下水位的方法主要有以下几种:

### (一)修筑台田

核桃园建在低洼易积水的地段,应在建园前修筑台田。台田的标准是:台面宽8～10米,比地面高1～1.5米。中间留宽1.5～2.0米、深1.2～1.5米的排水沟。

### (二)排除地表积水

在低洼且易积水的核桃园中,挖若干条排水沟,并在核桃园周围挖排水沟,这不但有利于园内积水外排,也可以防止园外水流入园内。

### (三)降低水位

在地下水位比较高的核桃园内,可挖掘排水沟降低水位。沟的标准可根据核桃树的根系生长情况确定。挖深2米左右的排水沟,可使地下水位有效地降低。

### (四)机械排水

对于积水不多、面积不大的核桃园,可用水泵进行排水,使核桃园土壤含水量保持正常状态,保证核桃树健康生长。

# 第六章　核桃标准化整形修剪

根据核桃树的生长结果特性及栽培环境具体情况，通过整形修剪的措施，调节营养生长与生殖生长的关系；同时培养良好的树体结构，改善群体与个体的光照关系，从而创造早果、高产、稳产和优质的条件，建立合理的丰产群体。

## 第一节　整形修剪的依据与标准

### 一、根据不同的生长时期整形修剪

不同生长时期的核桃树，整形修剪所要解决的问题不同，采取的方法也不相同。在幼龄期和结果初期，核桃树整形修剪的目的是为了培养牢固的树体骨架和丰产树形，使主、侧枝在空间合理配置，均衡枝势，调节生长与结果的关系，为促进幼树早结果、早丰产奠定基础。在盛果期则是要通过适当的修剪手法，健壮树势，保持生长与结果的相对平衡，在保证高产稳产的基础上，最大限度地延长结果年限。

### 二、根据不同的树体树势整形修剪

由于核桃树本身的生长特性和环境条件的共同作用，单株之间在生长势和结果方面存在一定的差异。这种差异是核桃整形修剪的主要依据之一，即所谓因势修剪。修剪时应根据树势的强弱、立地条件、花芽的多少与质量、结果枝和营养枝的比例等方面，进行观察和分析，以确定采取助势修剪手法或缓势修剪手法。

### 三、根据不同的品种特性整形修剪

整形修剪只有与品种的生长结果习性相适应，才能达到早果、高产、稳产和优质的目的。不同品种的萌芽力和成枝力情况，是整形修剪的重要依据之一。早实核桃成枝力较强，容易造成枝叶过密，修剪时应多疏少截，并注重夏管，合理配置枝条，改善光照。晚实核桃成枝力较弱，应注重刻芽和短截，增加枝量，以提高产量。

### 四、根据不同的立地条件整形修剪

同一品种在不同的立地条件下，其生长结果及生理活动均有所不同。在土层较薄、肥力较低的地方，树体较矮小，生长量也较小，在加强肥水管理的同时，可轻剪或适当短截，以壮树势。

### 五、根据不同的栽植密度整形修剪

在密植的情况下，宜采用小冠树形的修剪方法，减少分枝级次，少留骨干枝，增加结果枝，以利于早果和丰产。稀植园，宜采用短截手法，以增加枝量，扩大树冠，培养好骨干枝。因此，应先用助势手法，再用缓势手法，培养结果枝。

## 第二节　核桃树的适宜树形

### 一、疏散分层形

疏散分层形的树相特征是：有明显的中心干，分 2～3 层螺旋形着生，有6～7个主枝，形成半圆形或圆锥形树冠。

疏散分层形的特点是，通风透光好，主枝和中心干结合牢固，枝量大，结果部位多，负载量大，产量高，寿命长。但盛果期后树冠易郁闭，内膛易光秃，产量会下降。该树形适于生长在条件较好的地方和干性强的稀植树。

疏散分层形核桃树的整形过程如下：①于定干当年或翌年，在定干高度以上选留3个不同方位(水平夹角约120°)、生长健壮的枝条，培养成第一层主枝，枝基角不小于60°，腰角为70°～80°，梢角为60°～70°，层内两主枝间的距离不小于20厘米，避免轮生，以防对中心干形成"卡脖"现象。其余枝条全部除掉。有的树生长势差，发枝少，可分两年培养。②当晚实核桃5～6年生，早实核桃4～5年生已出现壮枝时，可开始选留第二层主枝，一般与第一层主枝错位选留1～2个，避免重叠，同时在第一层主枝上的合适位置，选留2～3个侧枝。第一个侧枝距主枝基部的距离为：晚实核桃60～80厘米；早实核桃40～50厘米。如果只留两层主枝，则第一层和第二层之间的层间距要加大，即晚实核桃为2米左右，早实核桃为1.5米左右。核桃树喜光，树冠高大，枝叶茂密，容易造成树冠郁闭，故应增加层间距。③晚实核桃6～7年生，早实核桃5～6年生时，继续培养第一层主、侧枝，选留第二层主枝上的1～2个侧枝。④晚实和早实核桃7～8年生时，选留第三层主枝1～2个。第三层与第二层主枝的层间距：晚实核桃为2米左右；早实核桃为1.5米左右，并从最上主枝的上方落头开心。各层主枝要上下错开，插空选留，以免相互重叠。各级侧枝应交错排列，充分利用空间，避免侧枝并生拥挤。侧枝与主枝的水平夹角以45°～50°为宜，侧枝着生位置以背斜侧为好，切忌留背后枝(图6-1)。

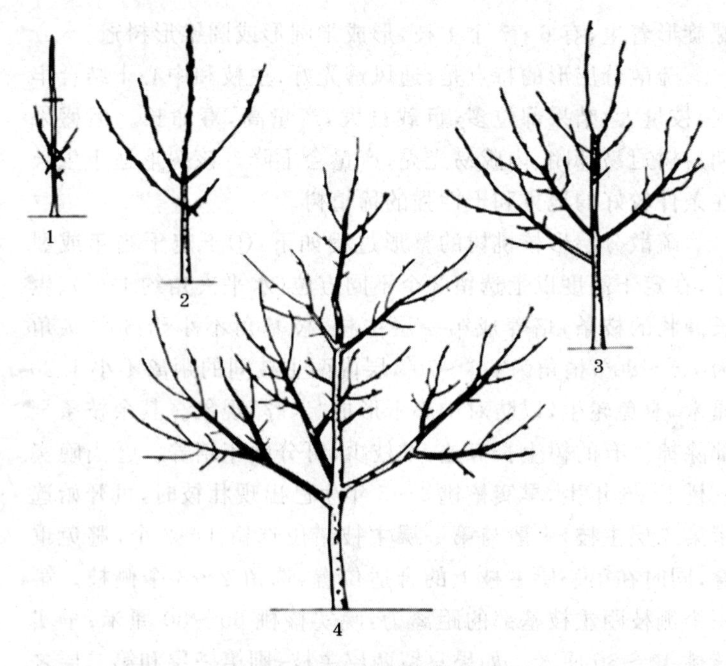


**图 6-1 疏散分层形整形过程**

1. 定干 2. 第一年 3. 第二年 4. 第三年

该树形主、侧枝是树体的骨架，叫骨干枝。在整形过程中，要保证骨架牢固，协调主从关系。定植 4～5 年后，树形结构已初步固定，但树冠的骨架还未形成，每年应剪截各级枝的延长枝，促使分枝。8 年后主、侧枝已初选出，整形工作大体完成。

在此之前，要调节均衡各级骨干枝的生长势，过强的应加大基角，或疏除过旺侧枝，特别是控制竞争枝。干较弱时，可在中心干上多留辅养枝。生长势弱的骨干枝，可抬起其角度。通过调整，使树体各级主、侧枝长势均衡。

## 二、自然开心形

自然开心形的树相特征是:自然开心,无中心干,一般都有2～4个主枝。

自然开心形核桃树的特点是:成形快,结果早,整形容易,便于掌握。幼树树形较直立,进入结果期后逐渐开张,通风透光好,易管理。该树树形适于在土层较薄、土质较差、肥水条件不良地区栽植的核桃和树姿开张的早实品种采用。根据主枝的多少,开心形核桃树可分为两大主枝、三大主枝和多主枝开心形,其中以三大主枝较常见。又依开张角度的大小,可分为多干形、挺身形和开心形。

自然开心形核桃树的整形过程如下:

①晚实核桃3～4年生、早实核桃3年生时,在定干高度以上按不同方位,留出2～4个枝条或已萌发的壮芽作主枝。各主枝基部的垂直距离一般为20～40厘米,主枝可一次或两次选留。各相邻主枝间水平距离(或夹角)应相近,长势要一致。

②主枝选定后,要选留一级侧枝。每个主枝可留3个左右的侧枝,其上下、左右要错开,分布要均匀。第一侧枝与主干间的距离,晚实核桃为0.8～1米;早实核桃为0.6米左右。

③一级侧枝选定后,在较大的开心形树体中,可在其上选留二级侧枝。第一主枝一级侧枝上的二级侧枝为1～2个,其上再培养结果枝组。这样可以增加结果部位,使树体丰满;第二主枝的一级侧枝数为2～3个。第一、第二主枝上侧枝的间距为:晚实核桃1～1.5米;早实核桃0.8米左右。

至此,开心形核桃树的树冠骨架已基本形成(图6-2)。该树形要特别注意调节各主枝间的平衡。

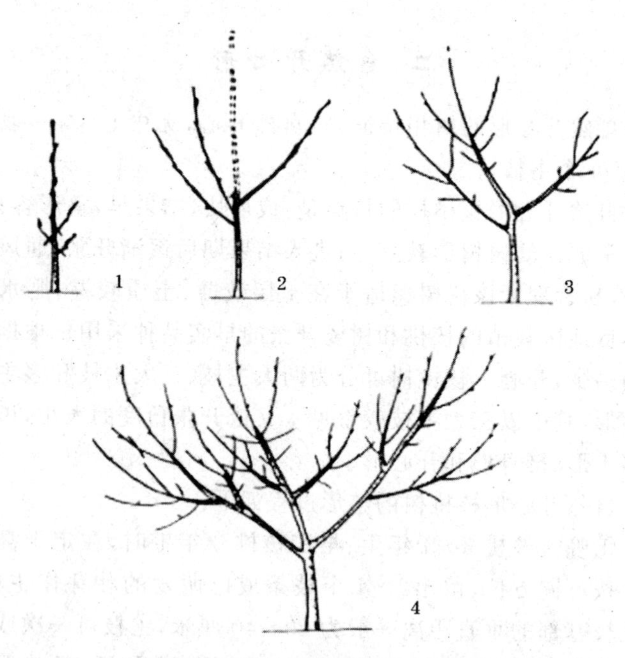


**图 6-2　自然开心形整形过程**

1. 定干　2. 第一年　3. 第二年　4. 第三年

## 三、主干形(柱形)

主干形(又叫柱形)核桃树的树相特征:以中干为轴心,其上螺旋向上排列 12～15 个或更多的小主枝(图 6-3)。

主干形核桃树的特点是:中干保持绝对优势,主枝可随时更新,主枝枝龄经常保持年轻状态。这种树形通风透光好,因而结果能力强,可丰产。该树形适用于早实核桃密植丰产园。

主干形核桃树的整形过程如下:核桃苗定植后,在 1 米高处定干。当新梢长到 20 厘米左右时摘心,促发分枝。主枝延长头生长到 20～25 厘米时,再摘心,促发分枝,但要保证主干的优势，使侧枝间隔15～20厘米，螺旋向上排列，并力求使主干延长枝直立，保持顶端优势。整个树体一般3～4年可以完成整形。其总体要求是上小下大，外疏里密。该树形要特别注意保持中干的绝对优势，主枝的粗度不能超过中干的1/3。

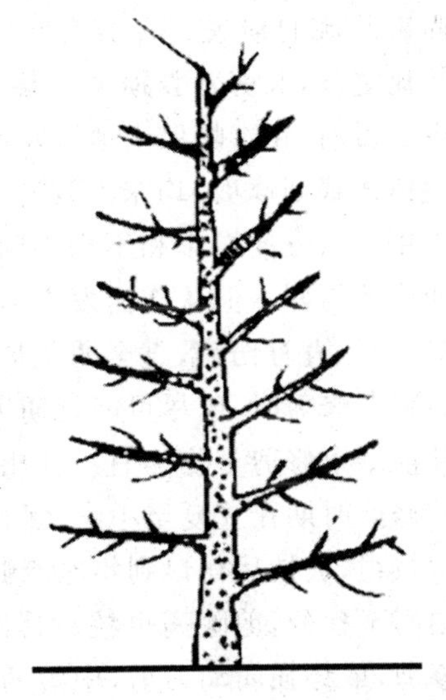

图 6-3　主干形树形

# 第三节　核桃标准化修剪的时期与方法

## 一、正确认识整形修剪的时期

在核桃树休眠期修剪有伤流。这有别于其他果树。长期以来，为了避免伤流损失树体营养，核桃树的修剪多在春季萌芽后（春剪）和采收后至落叶前（秋剪）进行。近年来，辽宁省经济林研究所、陕西省果树科学研究所和河北省涉县等，进行了多年的冬剪试验。其结果表明，核桃冬剪不仅对生长和结果没有不良影响，而且在新梢生长量、坐果率和树体主要营养水平等方面的效果，都优于春、秋修剪。在休眠期修剪，主要是水分和少量矿质营养的损失；而秋剪则有光合作用和叶片营养尚未回流的损失。春剪有呼吸消耗和新器官形成的损失。相比之下，春剪营养损失最甚，秋剪次之，休眠期修剪损失最少。目前，在秦岭以南地区及河北省涉县等地，已基本普及核桃树休眠期修剪，均未发现有不良影响。其他各地也可大胆采用。从方便操作和不伤害间种作物等方面考虑，也以休眠期修剪为好。但从伤流发生的情况看，只要在休眠期造成伤口，就一直有伤流，直至萌芽展叶为止。因此，在提倡核桃树休眠期修剪时，应尽可能延期进行。根据实际工作量看，以萌芽前结束修剪工作为宜。在山西省汾阳地区，核桃树最适宜的修剪时期在立夏至小满之间，因为这时枝条满树，能合理选留枝组，去枝后伤口到年底能够愈合。其次，在果实采收后的白露至秋分，剪除病虫枝。其修剪方法概括为："秋去死枝夏修剪，依势强弱动刀剪，中龄两年修一次，丰年不修歉年剪，不留重叠背后枝，徒长枝条全部剪，适时季节四五月，通风透光能丰产。"

## 二、灵活运用整形修剪的基本方法

### (一)短　截

短截，是指剪去一年生枝条的一部分。在生长季节，将新梢顶端幼嫩部分摘除，称为摘心，也称之为生长季短截。在核桃幼树(尤其是晚实核桃)上，常用短截发育枝的方法增加枝量。短截的对象是从一级和二级侧枝上抽生的生长旺盛的发育枝，剪截长度为 1/4～1/2，短截后一般可萌发 3 个左右较长的枝条。在一二年生枝交界轮痕上留 5～10 厘米长后剪截，类似苹果树修剪的"戴高帽"，可促使枝条基部潜伏芽萌发，一般在轮痕以上萌发 3～5 个新梢，轮痕以下可萌发 1～2 个新梢(图 6-4)。对核桃树上中等长枝或弱枝不宜短截。否则，易刺激下部发出细弱短枝。这种细弱短枝因髓心较大，组织不充实，会影响树势。

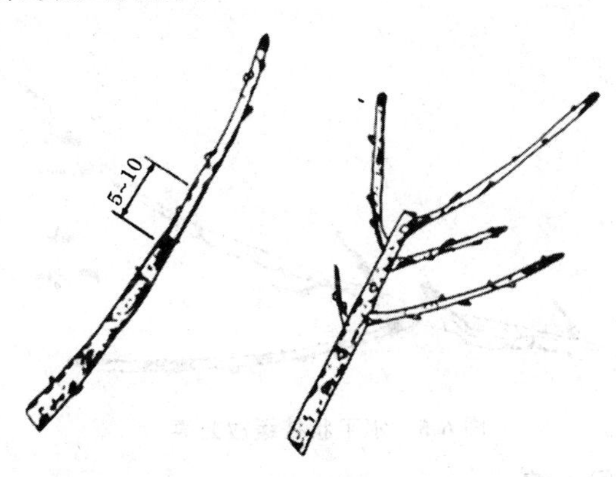


图 6-4 轮痕以上短截的反应 （单位：厘米）

### （二）疏 枝

将枝条从基部疏除叫疏枝。疏除对象一般为雄花枝、病虫枝、干枯枝、无用的徒长枝、过密的交叉枝和重叠枝等。雄花枝过多，开花时要消耗大量营养，从而导致树体衰弱，修剪时应适当将其疏除，以节省营养。核桃枝条髓心较大，组织疏松，容易枯枝焦梢。枯死枝除本身没有生产价值外，还可成为病虫孳生的场所，故应及时剪除。当树冠内部枝条密度过大时，要本着去弱留强的原则，随时疏除过密的枝条，以利于通风透光。疏枝时，应紧贴枝条基部剪除，切不可留桩，以利于剪口愈合。

### （三）缓 放

缓放，即不剪，又叫长放。其作用是缓和枝条生长势，增加中短枝数量，积累营养，促进幼旺树结果。除背上直立旺枝不宜缓放外（可拉平后缓放），其余枝条缓放效果均较好。较粗壮水平伸展的枝条长放后，前后均易萌发长势近似的小枝（图 6-5）。这些小枝不短截，下一年生长一段时间后，很易形成花芽。

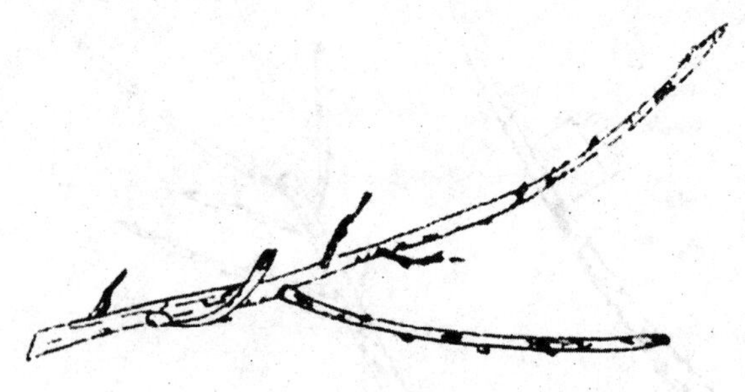

**图 6-5　水平状枝缓放效果**

**（四）回　缩**

对多年生枝进行剪截，叫回缩或缩剪。这是核桃修剪中最常用的一种方法。回缩的作用，因回缩部位的不同而异。一般来说，回缩的作用，一是复壮作用，二是抑制作用。生产中复壮作用的运用有两个方面：一是局部复壮。例如，回缩更新结果枝组和多年生冗长下垂的缓放枝等。二是全树复壮，主要是衰老树回缩更新。生产中运用回缩的抑制作用，主要是控制旺壮辅养枝、抑制树势不平衡中的强壮骨干枝等。

回缩时，要在剪锯口下留一“辫子枝”。回缩的反应因剪锯口枝势和剪锯口大小等不同而异。对于细长下垂枝，回缩至背上枝处，可复壮该枝；对于大枝回缩，若剪锯口距枝条太近，对剪口下第一枝起削弱作用，而加强以下枝的长势。核桃树的愈合能力很强，即便是多年生的直径达 30 厘米的大枝，剪后仍可愈合良好。

**（五）摘　心**

摘去一年生枝条先端一部分，叫摘心。摘心有利于控制一年生枝条的生长，可充实枝条，有利于枝条越冬。对早实核桃树摘心，有利于侧芽成花。

**(六)抹　芽**

抹芽，是指在核桃树春季萌芽后，将不适当的萌芽抹掉，减少无效消耗。它有利于树体的生长发育。

## 第四节　不同年龄树的标准化修剪

### 一、核桃幼树的整形修剪技术

核桃在幼树阶段生长很快，如任其自由发展，则不易形成良好的丰产树形。尤其是早实核桃，分枝力强，结果早，易抽发二次枝，造成树形紊乱，不利于正常的生长与结果。因此，合理地进行整形和修剪，对保证幼树健壮生长，促进早果、丰产和稳产，具有重要的意义。

**(一)幼树整形**

在生产实践中，应根据品种特点、栽培密度及管理水平等情况，确定合适的树形，做到“因树修剪，随枝造形，有形不死，无形不乱”。但切不可过分强调树形。

**1. 定　干**　树干的高低与树高、栽培管理方式和间作等关系密切。定干高度，应根据品种特点、土层厚度、肥力高低和间作模式等，因地因树而定。如晚实核桃结果晚，树体高大，主干可适当高些，干高可留1.5～2米。山地核桃因土壤瘠薄，肥力差，干高以1～1.2米为宜。早实核桃结果早，树体较小，主干可矮些，干高可留0.8～1.2米。立地条件好的，核桃树定干可高一些。密植时，定干可低一些。早期密植丰产园，核桃树干高可定为0.6～1米。果材兼用型品种，为提高干材的利用率，干高可达 3 米以上。

**(1)早实核桃树定干** 在定植当年发芽后，抹除核桃树要求干高以下部位的全部侧芽。如幼树生长未达定干高度，可于翌年定干。如果顶芽坏死，可选留靠近顶芽的健壮芽，促其向上生长，待达到一定高度后再定干。定干时，选留主枝的方法与晚实核桃相同。

**(2)晚实核桃树定干** 春季核桃树萌芽后，在定干高度的上方选留一个壮芽或健壮的枝条，作为第一主枝，并将以下枝、芽全部剪除。如果幼树生长过旺，分枝时间推迟，为控制干高，可在要求干高上方的适当部位进行短截，促使剪口芽萌发，然后选留第一主枝。

**2. 培养树形** 核桃树幼树所要培养的树形，主要有疏散分层形、自然开心形和主干形三种。具体整形措施见本章第二节。

**(二)幼树修剪**

核桃幼树修剪是在整形的基础上，继续选留和培养结果枝和结果枝组，及时剪除一些无用枝。这是培养和维持丰产树形的重要技术措施。此期应充分利用顶端优势，采取高截、低留的定干整形法。即达到定干高度时剪截，低时留下顶芽，达到定干高度后采用破顶芽或短截手法，促使幼树多发枝，尽快形成骨架，为丰产打下坚实的基础，达到早成形、早结果的目的。许多晚实类的核桃新梢顶芽肥大，优势很强，萌生侧枝及短枝力弱，可在新梢长 60～80 厘米时摘心，促发 2～3 个侧枝。这样，可加强幼树整形效果，提早成形。核桃幼树的修剪方法，因各品种生长发育特点的不同而异。其具体方法有以下几种：

**1. 控制二次枝** 早实核桃在幼龄阶段抽生二次枝，是普遍现象。由于二次枝抽生晚，生长旺，组织不充实，在北方地区冬季易发生抽条现象，因此必须进行控制。具体方法是：①若二次枝生长过旺，可在枝条木质化之前，将其从基部剪除。②凡在一个结果枝上抽生3个以上二次枝的，可于早期选留1～2个健壮枝，将其余的全部疏除。③在夏季，如选留的二次枝生长过旺，则要进行摘心，控制其向外伸展。④如一个结果枝只抽生一个生长势较强的二次枝，则可于春季或夏季将其短截，以促发分枝，培养结果枝组。短截强度以中、轻度为宜。

**2. 利用徒长枝** 早实核桃由于结果早，果枝率高，花果量大，养分消耗过多，常常造成新枝不能形成混合芽或营养芽，以至于第二年无法抽发新枝，而其基部的潜伏芽却会萌发成徒长枝。这种徒长枝第二年就能抽生5～10个结果枝，最多可达30个。这些果枝由顶部向基部生长势渐弱，枝条变短，最短的几乎看不到枝条，只能看到雌花。第三年中下部的小枝多干枯脱落，出现光秃带，结果部位向枝顶推移，易造成枝条下垂。因此，必须采取夏季摘心法或短截法，促使徒长枝的中下部果枝生长健壮，达到充分利用粗壮徒长枝培养健壮结果枝组的目的。

**3. 处理好旺盛营养枝** 对生长旺盛的长枝，以长放或轻剪为宜。修剪越轻，总发枝量、果枝量和坐果数就越多，二次枝数量就越少。

**4. 疏除过密枝和处理好背下枝** 早实核桃枝量大，易造成树冠内膛枝多，密度过大，不利于通风透光。对此，应按照去弱留强的原则，及时疏除过密的枝条。具体方法是：从枝条基部剪除，切不可留桩，以利于伤口愈合。背下枝多着生在母枝先端背下，春季萌发早，生长旺盛，竞争力强，容易使原枝头变弱，而形成“倒拉”现象，甚至造成原枝头枯死。其处理方法是在萌芽后或枝条伸长初期剪除。如果原母枝变弱或分枝角度过小，则可利用背下枝或斜上枝代替原枝头，将原枝头剪除或培养成结果枝组。如果背下枝生长势中等，并已形成混合芽，则可保留其结果。如果背下枝生长健壮，结果后可在适当分枝处回缩，将其培养成小型结果枝。

## 二、核桃成年树的修剪技术

成年的核桃树，树形已基本形成，产量逐渐增加。进入此期核桃树的主要修剪任务是：继续培养主、侧枝，充分利用辅养枝早期结果，积极培养结果枝组，尽量扩大结果部位。其修剪原则是：去强留弱，先放后缩，放缩结合，防止结果部位外移。结果盛期以后，由于结果量大，容易造成树体营养分配失衡，形成大小年，甚至有的树由于结果太多，致使一些枝条枯死或树势衰弱，严重影响核桃树的经济寿命。成年核桃树的修剪，要根据具体品种、栽培方式和树体本身的生长发育情况，灵活操作，做到因树修剪。

### （一）结果初期树的修剪

此期树体结构初步形成，应保持树势平衡，疏除改造直立向上的徒长枝、外围的密集枝以及节间长的无效枝，保留充足的有效枝量（粗、短、壮），控制强枝向缓势发展（夏季拿、拉、换头），充分利用一切可利用的结果枝（包括下垂枝），达到早结果、早丰产的目的。

**1. 辅养枝修剪** 对已影响主、侧枝的辅养枝，可以回缩或逐渐疏除，给主、侧枝让路。

**2. 徒长枝修剪** 可采用留、疏、改相结合的方法进行修剪。早实核桃应当在结果母枝或结果枝组明显衰弱或出现枯枝时，通过回缩使其萌发徒长枝。对萌发的徒长枝，可根据空间选留，再经轻度短截，从而形成结果枝组。

**3. 二次枝修剪** 可用摘心和短截方法，将二次枝培养成结果枝组。对过密的二次枝，则去弱留强。同时，应注意疏除干枯枝、病虫枝、过密枝、重叠枝和细弱枝。早实核桃重点是防止结果部位迅速外移，对树冠外围生长旺盛的二次枝，进行短截或疏除。

### （二）盛果期树的修剪

盛果期的大核桃树，树冠大部分接近郁闭或已郁闭，外围枝量逐渐增多，且大部分成为结果枝，并由于光照不足，部分小枝干枯，主枝后部出现光秃带，结果部位外移，出现隔年结果现象。因此，这个时间修剪的主要任务是：调整营养生长和生殖生长的关系，不断改善树冠内的通风透光条件，不断更新结果枝，以达到高产稳产的目的。其修剪要点是：疏病枝，透阳光；缩外围，促内膛；抬角度，节营养；养枝组，增产量。特别要做好抬、留的科学运用，绝对不能一次处理下垂枝，要本着三抬一、五抬二的手法（下垂枝连续三年生的可疏去一年生枝，五年生枝缩至二年生处，留向上枝）。盛果期核桃树的具体修剪方法如下：

**1. 骨干枝和外围枝的修剪** 晚实核桃，随着结果量的增多，特别是丰产年份，大、中型骨干枝常出现下垂现象，外围枝伸展过长，下垂得更严重。因此，对骨干枝和外围枝必须进行修剪。修剪的要点是，及时回缩过弱的骨干枝。回缩部位可在有斜上生长的侧枝前部，按去弱留强的原则，疏除过密的外围枝。对可利用的外围枝，适当短截，以改善树冠的通风透光条件，促进保留枝芽的健壮生长。

**2. 结果枝组的培养与更新** 加强结果枝组的培养，扩大结果部位，防止结果部位外移，是保证核桃树盛果期丰产稳产的重要技术措施。特别是晚实核桃，更是如此。

**(1)结果枝组的配置** 大、中、小配置适当，均匀地分布在各级主、侧枝上。在树冠内，总体分布是里大外小，下多上少，使内部不空，外部不密，通风透光良好，枝组间距离为 0.6～1 米。

**(2)培养结果枝组的途径**

第一，对着生在骨干枝上的大、中型辅养枝，通过回缩改造成大、中型结果枝组。

第二，对树冠内的健壮发育枝，采用去直立、留平斜，先放后缩的方法，培养成中、小型枝组。

对部分留用的徒长枝，应首选开张角度的方法，控制旺长，并配合夏季摘心和秋季在“盲节”处短截，促生分枝，形成结果枝组。结果枝组经多年结果后，会逐渐衰弱，应及时更新复壮。

**(3)培养结果枝的方法**

第一，2～3 年生的小型结果枝组，视树冠内的可利用空间，按去弱留强的原则，疏除一些弱小或结果不良的枝条；盛果后期核桃树生长势开始衰退，每年抽生的新梢很短，常形成三杈状小结果枝组，故应及时回缩，疏除部分短枝，以保证生长与结果平衡(图 6-6)。

第二，对于长势弱的中型结果枝组，可及时回缩复壮，使其内部交替结果，同时控制结果枝组内的旺枝。

第三，对于大型结果枝组，应控制其高度和长度，以防“树上长树”。对于无延长能力或下部枝条过弱的大型果枝组，则应进行回缩修剪，以保持其下部中、小型枝组的正常生长结果。

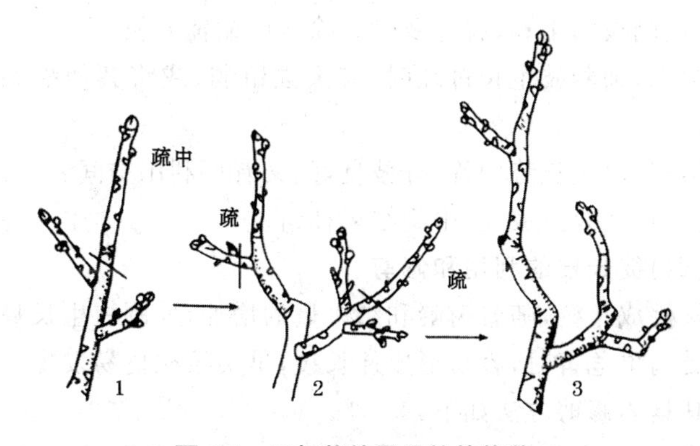


**图 6-6　三杈状结果母枝的修剪**

1. 三杈枝　2. 结果后　3. 连续结果状枝

**(4)结果枝组的更新**　由于枝组年龄过大,着生部位光照不良,过于密挤,结果过多,着生在骨干枝背后,枝组本身下垂,着生母枝衰弱等原因,均可使结果枝组生长势衰弱,不能分生足够的营养枝,结果能力明显降低。这种枝组需要及时更新。枝组更新,要从全树生长势的复壮和改善枝组的光照条件入手,并根据枝组的不同情况,采取相应的修剪措施。枝组内的更新复壮,可采取回缩至强壮分枝或角度较小的分枝处,以及剪果枝、疏花果等技术措施。对于过度衰弱,回缩和短截仍不发枝的结果枝组,可从基部疏除。如果疏除后留有空间,可利用徒长枝培养新的结果枝组;如果疏除前附近有空间,也可先培养成新结果枝组;然后将原衰弱枝组逐年去除,以新代老。

**(三)辅养枝的利用与修剪**

辅养枝是指着生于骨干枝上的临时性枝条。其修剪要点是:

第一,辅养枝与骨干枝不发生矛盾时,可保留不动;如果影响主、侧枝的生长，就应及时去除或回缩辅养枝。

第二，辅养枝生长过旺时，应去强留弱，或将其回缩到弱分枝处。

第三，对生长势中等、分枝良好、又有可利用空间者，可剪去枝头，将其改造成大、中型结果枝组。

**(四)徒长枝的利用和修剪**

核桃成年树，随着树龄和结果量的增加，外围枝生长势变弱或受病虫危害时，容易形成徒长枝，早实核桃更易发生徒长枝。其具体修剪方法如下：

第一，如内膛枝条较多，结果枝组又生长正常，则可从基部疏除徒长枝。

第二，如内膛有空间，或其附近结果枝组已衰弱，则可利用徒长枝培养成结果枝组，促使结果枝组及时更新。

第三，在盛果末期，树势开始衰弱，产量下降，枯死枝增多，更应注意对徒长枝的选留与培养。

**(五)背下枝的处理**

晚实核桃树背下枝强旺和夺头现象比较普遍。背下枝多由枝头的第二到第四个背下芽发育而成，生长势很强。若不及时处理，极易造成枝头“倒拉”现象，必须进行修剪。其具体修剪方法如下：

第一，如生长势中等，并已形成混合芽，则可保留，让其结果。

第二，如生长健壮，则待其结果后，可在适当分枝处回缩，将其培养成小型结果枝组。

第三，如已产生“倒拉”现象，原枝头开张角度又较小时，则可将原头枝剪除，让背下枝取而代之。对无用的背下枝，则要及时剪除。

## 三、核桃衰老树的修剪

核桃树进入衰老期后，外围枝生长势减弱，小枝干枯严重。外围枝条下垂，产生大量“焦梢”，同时萌发出大量的徒长枝，出现自然更新现象，产量也显著下降。为了延长结果年限，可对衰老树进行更新复壮。其修剪要点是：首先，疏除病虫枯枝和密集无效枝，回缩外围枯梢枝，但必须回缩至有生长能力的部位，促其萌发新枝。其次，要充分利用一切可利用的徒长枝，尽快恢复树势，继续结果。对严重衰老树，要采取大更新的措施，即在主干及主枝上，截去衰老部分的1/3～2/5，保证一次性重发新枝，3年后可重新形成树冠。具体修剪方法有下面三种：

### （一）主干更新（大更新）

将主枝全部锯掉，使其重新发枝，并形成主枝。具体做法有两种：

第一，对于主干过高的植株，可从主干的适当部位，将树冠全部锯掉，使锯口下的潜伏芽萌发新枝，然后从新枝中选留方向合适、生长健壮的枝条2～4个培养成主枝。

第二，对于主干高度适宜的开心形植株，可在每个主枝的基部锯掉。如系主干形植株，可先从第一层主枝的上部锯掉树冠，再从各主枝的基部锯掉，使主枝基部的潜伏芽萌芽发枝。

### （二）主枝更新（中更新）

在主枝的适当部位进行回缩，使其形成新的侧枝。具体修剪方法：选择健壮的主枝，保留50～100厘米长，其余部分锯掉，使其在主枝锯口附近发枝，发枝后，每个主枝上选留方位适宜的2～3个健壮的枝条，培养成一级侧枝。

### (三)侧枝更新(小更新)

将一级侧枝在适当的部位进行回缩,使其形成新的二级侧枝。其优点是,新树冠形成和产量增加均较快。具体做法是:

第一,在计划保留的每个主枝上,选择 2～3 个位置适宜的侧枝。

第二,在每个侧枝中下部长有强旺分枝的前端(或下部)进行剪截。

第三,疏除所有的病枝、枯枝、单轴延长枝和下垂枝。

第四,对于明显衰弱的侧枝或大型结果枝组,应进行重回缩,促其发生新枝。

第五,对于枯梢枝要重剪,促其从下部或基部发枝,以代替原枝头。

第六,对于更新的核桃树,必须加强土、肥、水管理和病虫害防治等综合技术措施,以防当年发不出新枝,造成更新失败。

## 四、核桃放任树的修剪

目前,我国放任生长的核桃树仍占有相当大的比例。对于其中的一部分幼旺树,可通过高接换优的方法加以改造;对于大部分进入盛果期的核桃大树,在加强地下管理的同时,可进行修剪改造,以迅速提高核桃的品质和产量。

### (一)放任树的树体表现

**1. 大枝过多,层次不清** 主枝多轮生、重叠或并生。第一层主枝常有 4～7 个,中心干极度衰弱,枝条出现紊乱。

**2. 结果部位外移,内膛空虚** 主枝延伸过长,先端密集,基部秃裸,造成树冠郁闭,通风透光不良,内膛空虚,枝条细弱并逐渐干枯,结果部位外移。

**3. 生长衰弱，坐果率低** 结果枝细弱，连续结果能力低，落花、落果严重，坐果率一般只有30%～90%，产量低且隔年结果现象严重。

**4. 衰老树自然更新现象严重** 衰老树外围梢焦，从大枝中下部萌生新枝，形成自然更新，重新构成树冠，连续几年产量很少。

**(二)放任树的改造修剪方法**

**1. 树形改造** 放任树的修剪，应根据具体情况随树作形。如果中心干明显，可改造成疏散分层形；若中心干已很衰弱或无中心干的，可将该树改造成自然开心形。

**2. 大枝处理** 修剪前，要对树体进行全面分析。重点疏除影响光照的密集枝、重叠枝、交叉枝、并生枝和病虫危害枝，留下的大枝要分布均匀，互不影响，以利于侧枝的配备。一般疏散分层形留5～7个主枝，特别是第一层要留3～4个；自然开心形可留3～4个主枝。为避免一次疏除大枝过多而影响树势，可以对一部分交叉重叠的大枝先进行回缩，分年疏除；对于较旺的壮龄树，也应分年疏除大枝，以免引起生长势更旺。

**3. 中型枝的处理** 中型枝，是指着生在中心干和主枝上的多年生枝。大枝疏除后从整体上改善了通风透光条件，但在局部会有许多着生不适当的枝条。为了使树冠结构紧凑合理，处理时首先要选留一定数量的侧枝，而对其余枝条采取疏除和回缩相结合的方法，疏除过密枝和重叠枝，回缩过长的下垂枝，使其抬高角度。大枝疏除较多时，可多留些中型枝，大枝疏除少时，多疏除些中型枝。

**4. 外围枝的调整** 对冗长的细弱枝和下垂枝，必须进行适度的回缩，以抬高角度，增强长势。对外围枝丛生密集的，要适当疏除；衰老树的外围枝大部分是中短果枝和雄花枝，应适当疏除和回缩，用粗壮的枝带头。

**5. 结果枝组的调整** 经过对大、中型枝的疏除和外围枝的调整，树体通风透光条件得到了改善，结果枝组有了复壮的机会，可根据树体结构、空间大小、枝组类型（大型、中型、小型）和枝组的生长势，来确定结果枝组的调整。对枝组过多的树，要选留生长健壮的枝组，疏除衰弱的枝组。有空间的，要适当回缩，去掉细弱枝、雄花枝和干枯枝，培养强壮结果枝组来结果。

**6. 内膛枝组的培养** 经过改造修剪的核桃树，内膛常萌发许多徒长枝，对其要有选择地加以培养和利用，使其成为健壮的结果枝组。常用两种方法对它进行培养：一是先放后缩，即对选留的中庸徒长枝（长度在 80～100 厘米），第一年长放，任其自然分枝。第二年根据需要的高度，将其回缩到角度大的分枝上。下一年修剪时再去强留弱。二是先截后放，即第一年当徒长枝长到 60～80 厘米长时，采取夏季带叶短截的方法，截去 1/4～1/3；或在 5～7 个芽处短截，促进分枝，有的当年便可萌发出二次枝。第二年除去直立旺长枝，用较弱枝当头缓放，促其成花结果。对于生长势很旺、长度在 1.2～1.5 米的徒长枝，因其极性强，难以控制，一般不宜选用。

内膛结果枝组的配备数量，应根据具体情况而定。一般枝组间距离 60～100 厘米者，要做到大、中、小枝相互交错排列。对于树龄较小、生长势较强的树，应尽量少留或不留背上直立枝组。对于衰弱的老树，可适当多留一些背上枝组。

### （三）放任树的改造修剪步骤

核桃放任树的改造修剪，一般需 3 年完成。以后的修剪，可按常规修剪方法进行。

**1. 调整树形** 根据树体的生长情况、树龄和大枝分布的情况,确定适宜改造的树形。然后疏除过多的大枝,以利于集中养分,改善通风透光条件。对内膛萌发的大量徒长枝,应充分加以利用,经2～3年将其培养成结果枝组。对于树势较旺的壮龄树,应分年疏除大枝,否则长势过旺,也会影响产量。在去大枝的同时,对外围枝要适当疏除,以疏外养内,疏前促后。树形改造需1～2年完成,修剪量占整个改造修剪量的40%～50%。

**2. 稳势修剪** 核桃树形结构调整后,还应调整母枝与营养枝的比例,约为3∶1,对过多的结果母枝,可根据空间和生长势进行去弱留强,以充分利用空间。在枝组内调整母枝留量的同时,还应有1/3左右的交替结果的枝组量,以稳定整个树体生长与结果的平衡。在此期间,核桃树的修剪量应掌握在20%～30%。

上述修剪量应根据立地条件、树龄、树势和枝量多少,灵活掌握,各大、中、小枝的处理,要通盘考虑,做到因树修剪,随枝作形。另外,应与加强土肥水管理相结合,否则,难以收到良好的效果(图6-7)。

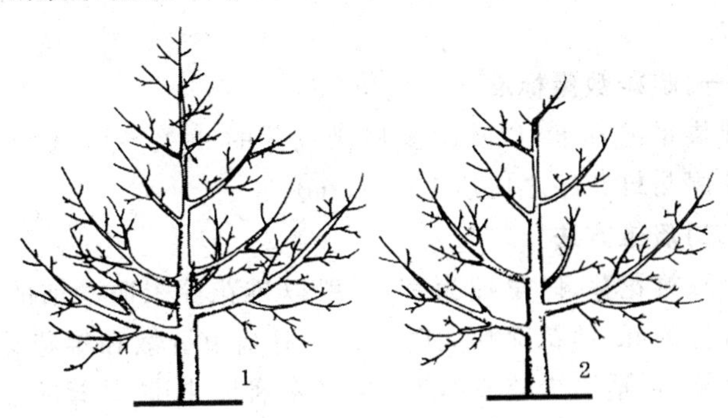


**图6-7 放任树的修剪**

1. 修剪前 2. 修剪后

# 第七章　核桃标准化花果管理

## 第一节　核桃标准化疏花疏果

进行标准化疏花疏果，是提高核桃产量和品质的主要技术措施。通过疏花疏果，可以节省大量的养分和水分，不仅有利于当年树体的发育，提高当年的坚果产量和品质，而且也有利于新梢的生长，保证翌年的产量。

### 一、疏除雄花的管理标准

疏除雄花芽，可节省水分和养分用于雌花的发育，从而改善雌花发育过程中的营养条件。疏雄对核桃树增产效果十分明显，坐果率可提高 15％～20％，产量可增加 12.8％～37.5％。

**（一）疏雄数量标准**

疏雄量的标准，以疏除全树雄花芽的 90％～95％为宜，使雌花序与雄花序之比达 1∶30～60。

**（二）疏雄方法**

疏除雄花芽，以早疏为宜，一般以雄花芽未萌动前的 20 天内进行为好，即花芽膨大时最佳。对栽植分散和雄花芽较少的植株，可适当少疏或不疏。对于品种园来讲，作授粉品种的雄花要适当少疏，主栽品种的雄花可多疏。

**1. 人工疏除**

用长 1～1.5 米带钩木杆，拉下枝条，人工掰除雄花即可。

也可结合修剪进行疏雄。

**2. 药剂疏除**

据2000年汾阳地区的试验，在雄花刚膨大时，使用山西省果树研究所配制的疏雄剂150～250倍液，进行喷洒，一般2～3天后雄花开始脱落，疏雄效果较好。

## 二、疏除幼果的管理标准

早实核桃树以侧花芽结果为主，雌花量较大，到盛果期后，为保证树体营养生长和生殖生长的相对平衡，保持优质高产和稳产，必须疏除过多的幼果。否则，会因结果太多而造成核桃果个变小，品质变差，严重时导致树势衰弱和枝条大量干枯，甚至死亡。

### (一)疏果标准

疏果数量标准，应依树势状况和栽培条件而定，一般以1平方米树冠投影面积保留60～100个果实为宜，具体可参照表7-1进行。

**表7-1 核桃树冠大小及其留果量**

| 冠幅(米) | 投影面积(米$^2$) | 留果数(个) | 产量(千克) |
|---|---|---|---|
| 2 | 3.14 | 180～240 | 1～2 |
| 3 | 7.06 | 430～600 | 4～5 |
| 4 | 12.56 | 800～1000 | 8～10 |
| 5 | 19.6 | 1200～1600 | 12～16 |
| 6 | 28.2 | 1700～2200 | 17～20 |

* 引自河南科学技术出版社魏玉君主编的《薄皮核桃》一书

### (二)疏果方法

疏果时间，可安排在生理落果以后，一般在雌花受精后20～30天，即当子房发育到1～1.5厘米时进行为宜。

疏果方法是:先疏除弱树或细弱枝上的幼果,也可连同弱枝一同剪掉。花序有3个以上幼果时,视结果枝的强弱,可保留2～3个。坐果要分布均匀,内膛郁闭者可多疏。应特别注意的是,疏果仅限于坐果率高的早实核桃品种。

### 三、花期药肥使用的技术标准

在雌花盛花期喷生长调节剂和微肥,可显著提高核桃坐果率。

#### (一)花期药肥使用技术标准

在雌花盛花期喷赤霉素、硼酸、稀土的最佳浓度,分别是50毫克/升、500毫克/升和100毫克/升,尿素和磷酸二氢钾的浓度为0.3%～0.5%。

#### (二)花期药肥使用方法

花期药肥,一般在上午9～10时或下午3～4时进行喷雾。在药肥中加入适量花粉,喷雾后效果更好。

## 第二节　核桃标准化辅助授粉技术

### 一、人工授粉的技术标准

在不同核桃品种雌花盛花期的2～3天内,集中劳力进行人工授粉。据河北农业大学试验,按抖撒花粉法和喷授花粉法授粉,每株需花粉2.8～3.0克。

### 二、授粉方法

核桃属雌雄异花树种,而且同一株树上的雌雄花期不一致,自花授粉率低,故为异花授粉树种。核桃的花粉仅靠风力传播，传播范围不广。自然授粉受自然条件的限制，每年坐果情况差别很大。很多幼树最初几年只开雌花，3～4 年以后才出现雄花。少数进入结果盛期的无性系核桃园，缺乏授粉树，并存在雌雄异熟现象。某些品种的同一株树上，雌、雄花期可相距 20 多天。花期不遇常造成授粉不良，严重影响坐果率和产量。零星栽种的核桃树这种现象更为严重。此外，因受不良气候因素影响，如低温、降雨、大风、霜冻等，雄花的散粉也会受到阻碍。为了保证丰产和稳产，必须进行人工辅助授粉，提高坐果率。在正常气候条件下，人工辅助授粉可提高坐果率 15%～30%。根据河北省涞水、武安、鹿泉、平山和灵寿等地试验，在雌化盛期进行人工授粉，可提高坐果率 17.3%～19.1%，进行两次人工授粉，其坐果率可提高 26%。

**(一)花粉采集**

从生长健壮的成年核桃树上，采集基部将要散粉(花序由绿变黄)或刚刚散粉的粗壮花序上的小花，放在干燥的室内或无阳光直射的地方晾干，温度保持在 20℃～25℃，经 1～2 天即可散粉。然后将花粉收集在指形管或小青霉素瓶中，盖严，置于 2℃～5℃的低温条件下备用。花粉生活力在常温下可保持 5 天左右；在 3℃的冰箱中，可保持 20 天以上。瓶装花粉应适当透气，以防发霉而降低授粉效果。

授粉需要的花粉量，可参考河北农业大学的试验结果，即 465 千克雄花序，阴干后可出花粉 5.3 千克，折合为每千克 2.87 克。按抖撒花粉的方法计算，平均每株授粉 2.8 克。喷授花粉每株需要 3 克。

**(二)授粉适期**

当雌花柱头开裂并呈倒“八”字形，柱头羽状突起分泌大量黏液，并具有一定光泽时，为雌花接受花粉的最佳时期。此时，正值雌花盛期，一般只有 2～3 天；雄先型植株的授粉期只有 1～2 天。因此，要抓紧时间授粉，以免错过最适授粉期。有时因天气状况不良，同一株树上的雌花期早晚可相差 7～15 天。为提高坐果率，有条件的地方可进行两次授粉。

**（三）授粉方法**

授粉方法的采用，可因品种不同而异。矮小的早实核桃幼树，可采用授粉器授粉。也可用医用喉头喷粉器代替，将花粉装入喷粉器的玻璃瓶中，在树冠中上部喷布即可。喷时注意喷头要离开柱头 30 厘米以上。此法授粉速度快，但花粉用量大。也可用新毛笔蘸少量花粉，轻轻点弹在柱头上。注意不要直接往柱头上抹，以免授粉过量损坏柱头，导致落果。

成年树或高大的晚实核桃树，可采用花粉袋抖粉法。具体做法是：①将花粉与淀粉按 1∶10 的比例混合拌匀，然后装入 2～4 层纱布袋中，封严袋口，拴在竹竿上。然后，在树冠上方迎风面轻轻抖撒。②将立即散粉的雄花序采下，每 4～5 个为一束，挂在树冠下，任其自由散粉，效果也很好；还可免于采集花粉的麻烦。③将花粉配成悬液（花粉与水之比为 1∶5 000）进行喷洒，有条件时可配成花粉、蔗糖、水比例为 1∶50∶3 000，或花粉、硼酸、水比例为 1∶0.2∶3 000 的营养液喷授，可促进花粉发芽和受精。在上午 9～10 时或下午 3～4 时进行喷雾。亦可与叶面喷肥相结合，采用花粉、蔗糖、尿素、水比例为 1∶50∶20∶3 000 的营养液喷雾。据试验，在柱头枯萎后每隔 15 天左右，进行 1 次尿素、硼酸、水比例为 0.2∶0.3∶100 的叶面喷肥，连喷 2～3 次，能有效促进果实迅速膨大，提高果实品质。

# 第八章　核桃病虫害标准化防治

近几年来，核桃坚果的品质好坏在国际市场上越来越受到消费者的重视，竞争越来激烈。而我国目前的核桃出口量却面临逐年下滑的局面。分析原因，除我国核桃品种杂乱、实生核桃居多外，还因我国粗放的核桃栽培管理方式造成了病虫害发生严重，造成大量瘪粒、病粒和虫粒的产生，优劣混杂，优少劣多，严重地影响了核桃的产量和品质，使得我国核桃的产业化生产和发展，受到极大的伤害。因此，核桃的病虫害防治工作，越来越受到人们的关注。

危害核桃的病虫害种类较多，目前危害我国核桃的虫害有 120 余种，病害有 30 多种。

## 第一节　核桃病虫害的防治标准及综合防治

### 一、核桃病虫害的防治标准

第一，核桃园的病虫害程度可分为轻微受害、中等受害和严重受害三种，其标准见表 8-1。

第二，在进行病虫害防治时要从生态学的观点出发，全面考虑环境保护、生态平衡、减少毒害和经济核算。

第三，不需要消灭所有的害虫，以对核桃不会造成经济损失为标准。否则，不但浪费人力、物力和财力，同时还会使害虫的天敌因得不到应有的食料而消退或接触农药而直接致死。

第四，尽量采用农业的、物理的和生物的方法进行防治，一般情况下不应用药剂防治，以生产名副其实的绿色食品和有机食品。

第五，在非用农药防治不可的时候，也要选用那些高效、低毒、低残留的农药，力求做到既减少对人体和环境的影响，又能有效地保护天敌资源和减少病虫害。

**表 8-1　核桃病虫害程度分级**

| 种　类 | 受害程度 | 核桃园被害株率(%) | 单株被害率或病情指数(%) |
|---|---|---|---|
| 叶部病虫 | 轻　微 | 10～30 | 30 以下 |
| | 中　等 | 31～50 | 31～50 |
| | 严　重 | 51 以上 | 51 以上 |
| 枝干病虫 | 轻　微 | 5 以下 | 5 以下 |
| | 中　等 | 6～20 | 6～20 |
| | 严　重 | 21 以上 | 21 以上 |
| 果实病虫 | 轻　微 | 5 以下 | 5 以下 |
| | 中　等 | 6～20 | 6～20 |
| | 严　重 | 21 以上 | 21 以上 |

* 引自国家林业局《核桃丰产与坚果品质》(LY1329－1999)标准

## 二、核桃病虫害的防治原则

核桃病虫害防治的总原则是，贯彻实行“预防为主，综合防治”的植物保护方针。提倡使用生物源农药、植物源农药和矿物源农药，有限度地使用低毒化学合成农药，禁止使用剧毒、高毒、高残留农药。要对症下药，适时用药，轮换用药。每种化学农药每年最多使用 1 次，施药距采收期应间隔 30 天以上。具体防治方法见本节三、四部分。

## 三、各物候期核桃病虫害的综合防治

**(一)休眠期(1～2 月份)的防治**

第一,刮除老树皮,清除树皮中的越冬病虫,并兼治腐烂病。

第二,喷施浓度为 5 波美度的石硫合剂,防止核桃黑斑病和核桃炭疽病等多种病虫。

第三,在树干基部,刮平树干后,涂 6～10 厘米宽粘胶环阻杀草履介壳虫若虫。在根颈及表土喷 6%柴油乳剂,或喷 50%辛硫磷 200 倍液,杀死土壤中的越冬若虫。

第四,敲击树干,砸树皮缝中的刺蛾茧和舞毒蛾卵块;清除石块下越冬的刺蛾、核桃瘤蛾、缀叶螟茧及土缝中的舞毒蛾卵块。

**(二)萌芽前(3 月份)的防治**

第一,树上挂半干枯核桃枝诱集黄须球小蠹成虫产卵。在 6 月中旬或成虫羽化前,将其全部烧毁。

第二,喷 3～5 波美度石硫合剂,防治草履介壳虫、核桃黑斑病、核桃炭疽病和核桃腐烂病等;用 50%甲基托布津或 50%多菌灵 50～100 倍液,涂刷树干,预防腐烂病感染。

**(三)萌芽、开花、展叶期(4 月份)的防治**

第一,喷 25%扑虱灵可湿性粉剂 2 500 倍液,防治草履介壳虫。

第二,早晨振动树干,人工捕杀金龟子成虫。

第三,喷施敌敌畏 800 倍液,或 2.5%功夫菊酯或 25%氰马乳油 1 500 倍液,防治舞毒蛾和木橑尺蠖幼虫。

第四,剪除不发芽、不展叶的虫枝,消灭核桃小吉丁虫、黄须球小蠹和豹纹木蠹蛾幼虫。剪除的虫枝应集中烧毁。

第五，雌花开放前后喷50%甲基托布津液或40%退菌特可湿性粉剂500～800倍液；4月中下旬喷波尔多液（1：0.5：200）1～3次，防治黑斑病；用40%退菌特可湿性粉剂800倍液与波尔多液（1：2：200）交替喷洒，防治核桃炭疽病；用70%甲基托布津、50%多菌灵、65%代森锌200～300倍液，涂抹嫁接、修剪伤口，防止腐烂病菌侵染。

防治核桃炭疽病、黑斑病和腐烂病，在生长期每半个月左右喷药一次。

**(四)果实膨大期(5月份)的防治**

**1. 防治核桃举肢蛾** 树盘覆土阻止成虫羽化出土；喷50%辛硫磷800倍液、2.5%敌杀死乳油1 500～2 500倍液，每半个月左右喷药1次，连喷3～4次，或地面撒3%辛硫磷颗粒。

**2. 防治桃蛀螟** 用黑光灯和糖醋液诱杀成虫；用25%氰马乳油1 000倍液杀灭成虫、卵和幼虫。

**3. 防治木 尺蠖** 晚上用灯光或堆火诱杀成虫。

**4. 防治芳香木蠹蛾** 用50%敌敌畏20～50倍液注入虫道内，用泥土封口毒杀幼虫或用毒签塞入虫道，封杀幼虫。

**5. 防治核桃横沟象** 人工捕杀成虫和刨开根颈部的土，用浓石灰浆涂封根际，防止其产卵。

**(五)花芽分化及硬核期(6月份)的防治**

**1. 防治云斑天牛** 人工捕杀成虫，砸卵，灯光诱杀成虫，用棉球蘸5～10倍敌敌畏液塞虫孔。

**2. 防治芳香木蠹蛾** 人工捕杀、黑光灯诱杀成虫；于根颈部喷50%辛硫磷乳剂400倍液杀幼虫。

**3. 防治木 尺蠖核桃瘤蛾** 灯光诱杀成虫。

**4. 防治横沟象成虫** 人工捕杀核桃横沟象成虫。

**5. 防治桃蛀螟** 用黑光灯、糖醋液诱杀成虫，摘虫果、捡拾落果深埋，消灭幼虫；用 50％氰马乳油 1 000 倍液喷杀成虫、卵与幼虫。

**6. 防治核桃小吉丁虫、黄须球小蠹** 喷敌杀死 2 000 倍液杀死成虫；诱饵枝烧毁。

**7. 防治核桃溃疡病、枝腐病和核桃褐斑病** 为了防治这三种病害，可进行树干涂白；也可喷 100 倍石灰倍量式波尔多液，或 70％甲基托布津 800 倍液。

**(六)种仁充实期(7 月份)的防治**

**1. 防治核桃举肢蛾、桃蛀螟幼虫** 捡拾落果、采摘虫害果，集中深埋。

**2. 防治核桃瘤蛾** 树干上绑草诱杀。

**3. 防治云斑天牛等害虫** 对云斑天牛、芳香木蠹蛾和桃蛀螟成虫，可进行人工捕杀和灯光诱杀。

**4. 防治核桃横沟象、举肢蛾成虫** 喷 25％功夫菊酯、25％氰马乳油 1 000 倍液。

**5. 防治芳香木蠹蛾幼虫** 撬开被害部树皮捕杀；根颈部喷 50％辛硫磷乳剂 400 倍液。

**6. 防治刺蛾等害虫** 对刺蛾、核桃瘤蛾、木橑尺蠖幼虫、核桃小吉丁虫和黄须球虫成虫等害虫，喷布 2.5％敌杀死乳油 1 500～2 500倍液，或 50％氰马乳油 800～1 000 倍液，10％氯氰菊酯乳剂 3 000～4 000 倍液喷雾，予以杀灭。

**7. 防治核桃褐斑病** 喷 200 倍石灰倍量式波尔多液或 70％甲基托布津 800 倍液，杀死核桃褐斑病菌。

**(七)成熟前期(8 月份)的防治**

**1. 防治木　尺蠖幼虫** 喷 2.5％敌杀死乳油 1 500～2 000倍液，或 25％氰马乳油 800 倍液，毒杀该虫。

**2. 防治二代核桃瘤蛾、缀叶螟和刺蛾** 喷 50%敌敌畏 800 倍液，或 2.5%敌杀死乳油 1 500～2 000 倍液、25%氰马乳油 800 倍液，毒杀上述害虫。

**3. 防治芳香木蠹蛾幼虫** 用 25%功夫乳油 1 000 倍液喷入虫道内，并用泥土封严，毒杀该虫。

**4. 防治桃蛀螟** 用糖醋液诱杀成虫。

**5. 防治桃横沟象成虫** 采用人工捕杀和喷 50%三硫磷乳油、25%氰马乳油 800 倍液，消灭该虫。

**6. 防治核桃褐斑病** 喷 70%甲基托布津 800 倍液，杀火该病病菌。

### (八)采收前和落叶前期(9 月份)的防治

剪除枯枝或叶片枯黄枝或落叶枝。采果后，结合修剪剪除枯死枝和病虫枝，防治核桃小吉丁虫幼虫、黄须球小蠹成虫、核桃黑斑病、炭疽病、枝枯病和褐斑病等。将剪除的病枝集中烧毁。

### (九)落叶期(10 月份)的防治

为防治核桃腐烂病、枝枯病和溃疡病，可刮除病斑，在刮口处涂抹 70%甲基托布津、或 3 波美度石硫合剂、或 1%硫酸铜液、或 10%碱水，进行消毒。对树干可涂白防冻。防治核桃腐烂病、枝枯病和溃疡病，刮皮范围应超出病害组织 1 厘米左右。刮口要光滑严整，刮除的病皮要集中烧毁。

### (十)休眠期(11～12 月份)的防治

第一，清园(铲除杂草，清扫落叶和落果，并加销毁)，树盘翻耕，刮除粗老树皮，清理树皮缝隙。

第二，人工挖除越冬态的幼虫、蛹、卵。

第三，刨开根颈周围的土，用敌敌畏 5 倍液喷根颈部，而后封土。将铲除的杂草和落叶等，要集中烧毁。

## 第二节　核桃主要病虫害及其防治方法

核桃病害种类较多，据记载，我国有 30 多种，其中炭疽病、腐烂病、黑斑病与枝枯病危害较重，分布较广。按对树体的侵染性质可分为侵染性病害和非侵染性病害两类。非侵染性病害发生的原因有多种，主要是土壤和气候不适所致，如土壤营养条件不好、水分失调、温度过高或过低、光照过弱或过强，以及有毒物质的毒害等，均能引起病虫害发生。侵染性病害大多是由真菌侵害所致，约有 30 多种。细菌、寄生植物、线虫与螨类的侵染均可导致核桃病虫害发生。核桃主要病虫害及其防治措施如下：

### 一、主要害虫及其防治方法

#### （一）核桃举肢蛾

又称核桃黑。在华北、西北、西南和中南等核桃产区均有发生，太行山、燕山、秦巴山及伏牛山区发生较为普遍，土壤潮湿、杂草丛生的荒山沟洼处严重发生。主要危害核桃的果实，果实受害率达 70％～80％，甚至高达 100％，是核桃的主要害虫。

**【主要危害状】** 幼虫在青果皮内蛀食多条隧道，并排满虫粪。被害处青皮发黑，被害后的 30 天内可在果中剥出幼虫，有时一个果内有十几条幼虫。早期被危害的坚果种仁干缩、早落；晚期被危害的坚果种仁瘦瘪变黑，使核桃产量严重受损。

**【形态特征】**

①**成　虫**　小型黑蛾，翅展 13～15 毫米。翅狭长，翅缘

毛长于翅宽处。前端 1/3 处有椭圆形白斑,2/3 处有月牙形或近三角形白斑。后足特长,休息时向上举。腹背每节都有黑白相间的鳞毛。

**② 卵** 初产出时乳白色,孵化前变为红褐色。圆形,长约 0.4 毫米。

**③幼 虫** 头褐色,体淡黄色,老熟时体长 7～9 毫米,每节都有白色刚毛。

**④ 蛹** 黄褐色,蛹外有褐色茧,常粘附草末及细土粒。纺锤形,长 4～7 毫米(图 8-1)。

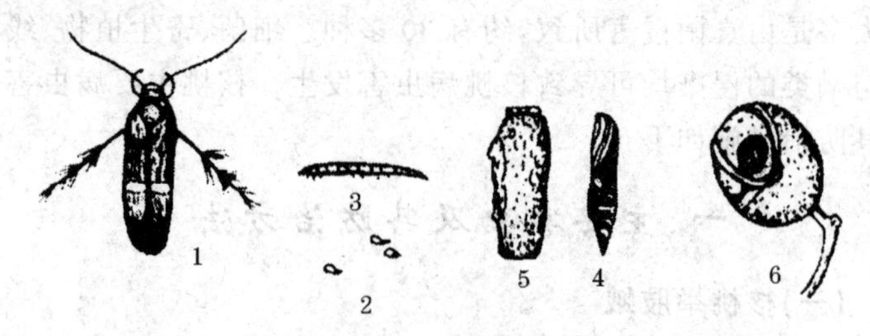


**图 8-1 核桃举肢蛾**

1. 成虫 2. 卵 3. 若虫 4. 蛹 5. 土茧 6. 危害状

**【生活习性】** 该虫的发生与环境条件有密切关系,高海拔地区每年发生 1 代,低海拔地区每年发生 2 代。在山东、河北、山西一年发生 1 代,在河南和陕西一年发生 1～2 代。以老熟幼虫在树冠下 1～2 厘米深的土中越冬。翌年 5 月中旬至 6 月中旬化蛹,6 月上旬至 7 月上旬成虫发生。幼虫一般在 6 月中旬开始为害,7 月份危害最严重。成虫一般在一处产卵 3～4 粒,4～5 天孵化。幼虫蛀果后有汁液流出,呈水珠状。1 个果内有 5～7 头幼虫,最多达 30 余头。幼虫在果内为害 30～45 天,老熟后从果中脱出,落地入土结茧越冬。该虫在多雨的年份比干旱的年份危害严重,荒坡地比间作地危害严重，深山沟及阴坡比沟口开阔地危害严重。

**【防治方法】**

**①消灭虫源** 冬季封冻前，清除园内的枯枝落叶和杂草，刮掉树干上的老皮，予以集中烧毁。刨翻树盘，减少越冬幼虫。及时剪除受害幼果深埋，减少翌年的虫口密度。

**②生物防治** 释放松毛虫赤眼蜂，在6月份每667平方米释放赤眼蜂30万头，可控制举肢蛾的危害。

**③化学防治** 幼虫孵化期是药剂防治的重点。主要药剂有25%灭幼脲3号胶悬剂，50%敌百虫乳油1 000倍液，48%乐斯本乳油2 000倍液，1.8%阿维菌素乳油500倍液，可选择喷雾，或间隔喷一次50%杀螟松乳剂1 000～1 500倍液。在成虫羽化前，每株树冠下撒3%辛硫磷颗粒剂0.1～0.2千克，然后进行浅锄。

### (二)长足象

长足象又名核桃果象甲。在陕西秦岭山区和巴山山区，以及河南伏牛山区等地均有分布。在陕西商洛地区，四川绵阳地区及万源市、汶川县等核桃产区，该虫发生普遍，危害严重。

**【主要危害状】** 以成虫危害果实为主，亦食核桃幼芽和嫩枝。果实被危害时，1果有多个食害孔，严重时1果有几十个食害孔。被害初期，果皮干枯变黑，引起果仁发育不全，影响核桃品质和产量。后期成虫产卵于果内，造成大量落果，甚至绝收。

**【形态特征】**

**①成　虫** 墨黑色，体长约10毫米，头部延长成管状。触角膝状，着生于头管的两侧。前胸近圆锥形，宽大于头长。鞘翅基部显著向前突出，盖住前胸基部。每一鞘翅上有10条

点刻沟。腿节膨大,各有1个齿状突起。

② **卵** 初产出时为乳白色,后变为黄褐色或褐色。长椭圆形,长约1.3毫米。

③ **幼虫** 老熟幼虫体长约12毫米,乳白色,头部黄褐色,弯曲呈镰刀状。

④ **蛹** 黄褐色,体长约13毫米,胸、腹背面散生许多小刺,腹末具1对臀刺(图8-2)。

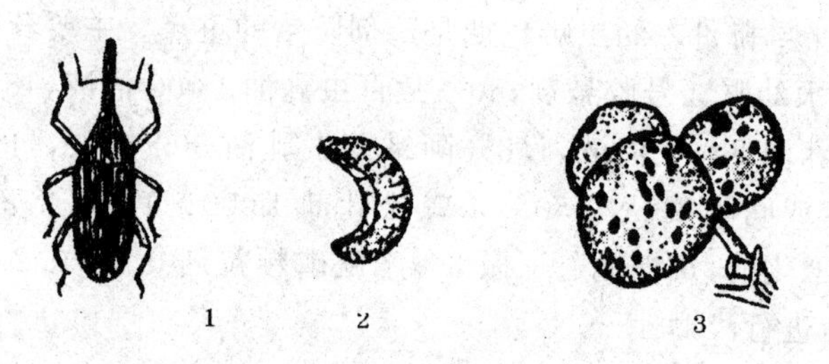


**图8-2 长足象**

1. 成虫 2. 幼虫 3. 核桃果实被害状

**【生活习性】** 该虫一年发生1代。成虫有假死习性。以成虫在向阳处的杂草或表土内越冬。翌年4月上旬,越冬成虫开始上树为害。6月上旬为卵孵化期,6月下旬为化蛹盛期,然后羽化,为食害顶芽盛期。11月份开始越冬。

**【防治方法】**

①**人工捕杀** 利用成虫的假死性,在成虫的盛发期于清晨或傍晚摇树,将其振落捕杀。刮除根颈部粗皮,捡拾病虫落果或摘除被害果,与石灰混拌后深埋于10厘米以下的土中。

②**药物防治** 在越冬成虫出现到幼虫孵化阶段,用每毫升含孢子量2亿个的白僵菌液,或50%辛硫磷乳剂,或50%杀螟松乳剂1 000倍液,喷雾防治成虫,阻止幼虫孵化。或在

成虫发生初期，特别是雨后在树冠下喷洒 50%辛硫磷乳油，或 48%乐斯本乳油 300～400 倍液处理地面。

### （三）核桃小吉丁虫

又名串皮虫。是核桃树的主要害虫之一。在各产区的危害均较严重。

**【主要危害状】** 主要危害核桃的枝条。幼虫蛀入 2～3 年生枝干皮层，成螺旋形串圈危害，故又称串皮虫。枝条受害后常表现枯梢，树冠变小，产量下降。幼树受害严重时，易形成小老树或整株死亡。在危害严重地区，被害株率达 90%以上。

**【形态特征】**

①**成　虫**　黑色，体长 4～7 毫米，有铜绿色金属光泽。触角锯齿状，头、前胸背板及鞘翅上密布小刻点，鞘翅中部两侧向内凹陷。

②**卵**　初产出时乳白色，逐渐变为黑色，椭圆形、扁平，长约 1.1 毫米。

③**幼　虫**　体扁平，乳白色，长 7～20 毫米。头棕褐色，缩于第一胸节。胸部第一节扁平宽大，腹末有 1 对褐色尾刺。背中有 1 条褐色纵线。

④**蛹**　裸蛹，初时乳白色，羽化时为黑色，体长 6 毫米（图 8-3）。

**【生活习性】** 该虫一年发生 1 代，以幼虫在 2～3 年生被害枝干中越冬。6 月上旬至 7 月下旬，为成虫产卵期；7 月下旬至 8 月下旬为幼虫为害盛期。生长势较弱、枝叶少、透光好的树受害较严重。成虫寿命为 12～35 天。卵期约 10 天，幼虫孵化后蛀入皮层为害。随着虫龄的增长，逐渐深入到皮层和木质部间为害，直接破坏输导组织。被害枝条表现出不同

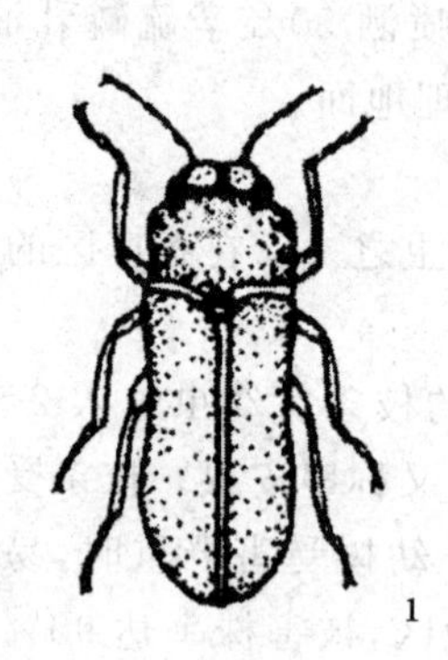

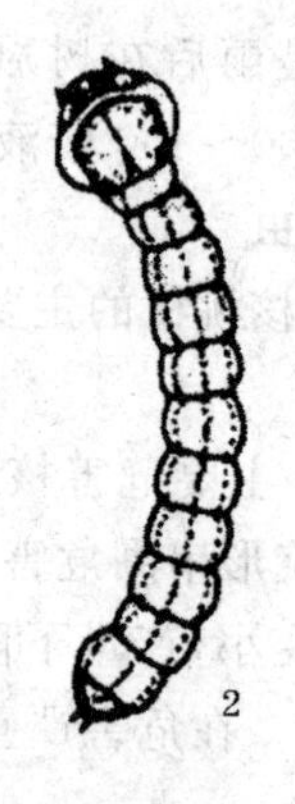

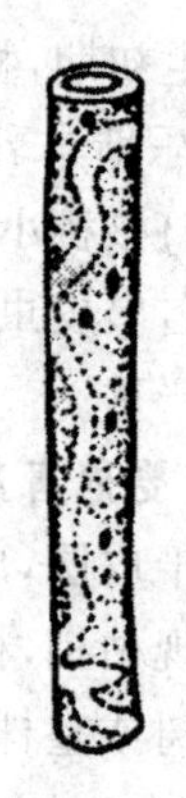

**图 8-3　核桃小吉丁虫**

1. 成虫　2. 幼虫　3. 枝干被害状

程度的黄叶和落叶现象。这样的枝条不能完全越冬，第二年又为黄须球小蠹幼虫提供了良好的营养条件，从而加速了枝条的干枯。受害枝条中无害虫越冬，其越冬害虫几乎全部寄生在干枯的枝条中。

**【防治方法】**

①**消灭虫源**　秋季采收后，剪除全部受害枝，集中烧毁，以消灭越冬虫源。注意多剪一段健康枝，以防幼虫被遗漏。

②**诱杀虫卵**　在成虫羽化产卵期，及时设立一些饵木，诱集成虫产卵，再及时将其烧掉。

③**生物防治**　核桃小吉丁虫有两种寄生蜂：一种是黑斑瘦姬蜂，一种是吉丁卵姬小蜂，其自然寄生率为16%～56%，释放寄生蜂可有效地降低越冬虫口数量。

④**化学防治**　从5月下旬开始，每隔15天用90%晶体敌百虫600倍液，或48%乐斯本乳油800～1 000倍液，喷洒主干。在成虫发生期，结合防治举肢蛾等害虫，在树上喷洒80%敌敌畏乳油，或90%晶体敌百虫800～1 000倍液，阻止

成虫出洞。

**(四)黄须球小蠹**

又名小蠹虫。广泛分布在陕西、河南、河北和四川等地。

**【主要危害状】** 以成虫和幼虫食害核桃枝梢和芽,虫道似“非”字形,常与核桃举肢蛾、小吉丁虫同时为害,加速枝梢和芽的枯死,严重时枝梢顶芽全部被害,造成减产甚至绝收。生长在坡地或土层瘠薄地方、长势衰弱的树受害严重。树冠外缘枝、芽比内膛枝、芽受害要严重。

**【形态特征】**

**①成　虫** 初羽化时为黄褐色,后变为黑褐色。椭圆形,体长 2.3~3.0 毫米。触角膝状,端部膨大呈锤状。头胸交界处两侧各生有一丛三角形黄色绒毛,头胸腹各节下面生有黄色短毛。前胸背板隆起,覆盖头部。鞘翅有 8~10 条由点刻组成的纵沟。

**② 卵** 初产出时白色,后变为黄褐色。椭圆形,体长约 0.1 毫米。

**③幼　虫** 椭圆形,体长 2.2~3 毫米。乳白色,无足,尾部排泄孔附近有三个“品”字形突起。

**④ 蛹** 裸蛹,圆球形,羽化前为黄褐色(图 8-4)。

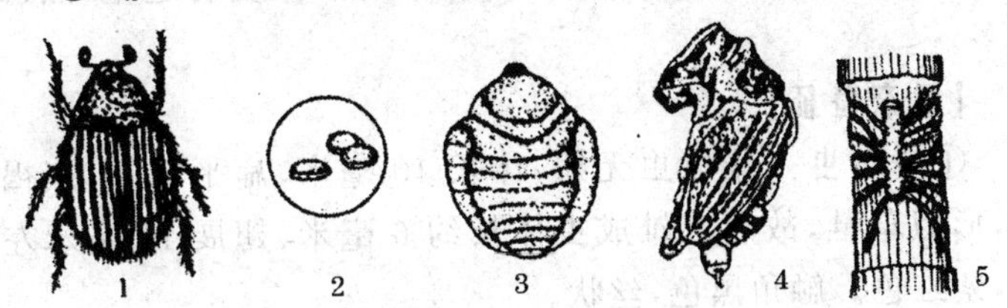


**图 8-4　黄须球小蠹**

1. 成虫　2. 卵　3. 幼虫　4. 蛹　5. 危害部位及虫道

**【生活习性】** 该虫一年发生1代，以成虫在顶芽或侧芽基部的蛀孔内越冬，4月上旬开始活动，危害健康或半枯死枝条的芽基部。4月下旬，雄成虫进入交配室与雌成虫交配。雌虫一边蛀食母坑道，一边开始产卵于母坑道两侧。5月下旬产卵结束时，雄成虫离开坑道后死亡。7月上中旬为羽化盛期。1个成虫从羽化到越冬，可食害顶芽3～5个。

**【防治方法】**

**①消灭虫源** 秋季采收后至落叶前，结合修剪，剪除虫枝集中烧毁，消灭越冬虫卵。

**②消灭虫卵** 核桃发芽后，在树上成束悬挂半干枝条，每株挂3～5束，诱集成虫在此产卵，成虫羽化前，将枝条取下烧毁。

**③化学防治** 6～7月份，结合防治举肢蛾、刺蛾和瘤蛾，每隔10～15天喷一次敌杀死2 000倍液，或50%杀螟松乳油1 000～1 500倍液，毒杀黄须球小蠹。

### （五）草履蚧

又名草鞋蚧。在我国大部分地区都有分布。

**【主要危害状】** 该虫吸食树液，致使树势衰弱，甚至枝条枯死，影响产量。被害枝干上有一层黑霉，受害越重，黑霉越多。

**【形态特征】**

**①成　虫** 雌成虫无翅，体长10毫米，扁平椭圆，灰褐色，形似草鞋，故名。雄成虫体长约6毫米，翅展11毫米左右，紫红色。触角黑色，丝状。

**② 卵** 椭圆形，暗褐色。

**③若　虫** 与雌虫相似。

**④ 蛹** 雄蛹圆形，淡红紫色，长约5毫米，外被白色蜡状

物(图 8-5)。

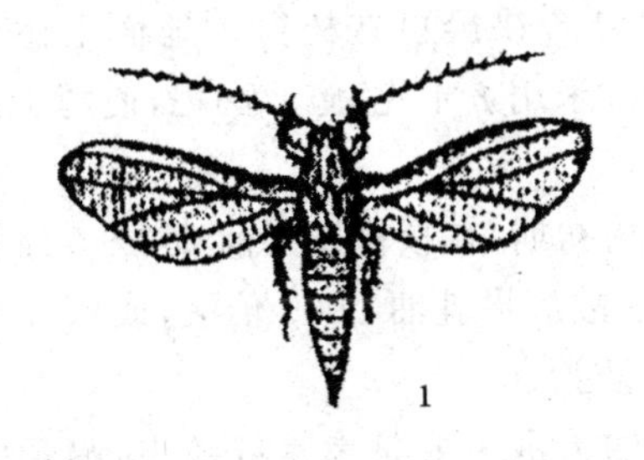


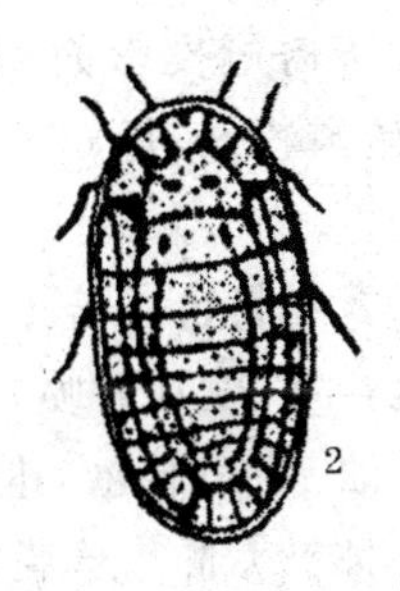


**图 8-5　草履介壳虫**

1　雄成虫　2. 雌成虫

**【生活习性】**　该虫一年发生 1 代,以卵在树干基部土中越冬。卵的孵化早晚受气温影响。在河南最早于 1 月份即有若虫出土。初龄若虫行动迟缓,天暖上树,天冷回到树洞或树皮缝隙中隐蔽群居,最后到一二年生枝条上吸食为害。雌虫经三次蜕皮变成成虫,雄虫第二次蜕皮后不再取食,下树在树皮缝、土缝、杂草中化蛹。蛹期 10 天左右,4 月下旬至 5 月上旬羽化,与雌虫交配后死亡。雌成虫 6 月前后下树,在根颈部土中产卵后死亡。

**【防治方法】**

**①涂粘虫胶带**　在草履蚧若虫上树前,于 3 月初在树干基部刮除老皮,涂宽约 15 厘米的粘虫胶带。粘胶的配法为:废机油和石油沥青各 1 份,加热溶化后搅匀即成;或废机油、柴油或蓖麻油各 2 份,加热后放入 1 份松香油熬制而成。如在胶带上再包一层塑料布,下端呈喇叭状,防治效果更好。

**②根部土壤喷药**　若虫上树前,用 6%的柴油乳剂喷洒根颈部周围土壤。

**③耕翻土壤**　采果至土壤结冻前,或翌年早春,进行树下

耕翻，可将草履蚧消灭在出土之前，耕翻深度为15厘米，范围要稍大于树冠投影面积。结合耕翻可在树冠下地面上撒施5%辛硫磷粉剂，每667平方米用2千克，施后翻耙，使药土混合均匀。

**④药物防治** 若虫上树初期，在核桃发芽前喷3～5波美度石硫合剂，发芽后喷80%敌敌畏乳油1000倍液，或48%乐斯本乳油1000倍液，进行防治。

**⑤保护天敌** 草履蚧的天敌主要是黑缘红瓢虫，喷药时避免喷菊酯类和有机磷类广谱性农药，喷洒时间不要在瓢虫孵化盛期和幼虫时期。

### (六)核桃云斑天牛

又名铁炮虫、核桃大天牛、白条虫、钻木虫等。主要危害核桃枝干，是对核桃树具有毁灭性的一种害虫。广泛分布在河北、河南、北京、山西、陕西、甘肃和四川等地。

**【主要危害状】** 幼虫蛀食核桃树干木质部，造成树势衰弱，果品质量下降，严重时树干被蛀空引起整株死亡。成虫啃食新枝嫩皮，致使枝条枯死。产区核桃树被害率可达30%～85%。

**【形态特征】**

**①成　虫** 体长32～65毫米，黑褐色，密被灰色绒毛。前胸背板有1对肾形白斑，两侧刺突稍向后弯。小盾片白色，鞘翅基部密布黑色瘤状颗粒，前大后小，肩刺上翘，鞘翅上有二三行排列不规则的白斑，呈云片状。从复眼至腹端，两侧各有一道白色条纹。

**②卵** 黄白色，弯曲略扁，卵壳坚韧光滑。长椭圆形，长8～9毫米。

**③幼　虫** 体长74～100毫米，黄白色。头扁平，半缩于

胸部。前胸背板橙黄色，密布黑色点刻，两侧白色，其上有橙黄色半月牙形斑块。前胸腹面排列有不规则的橙黄色斑块4个，后胸及腹部第1～7节背面，由小刺突组成的骨化区，呈扁"回"字形，腹面第1～7节骨化区呈"口"字形。

④ 蛹 长40～70毫米，乳白色至淡黄色，触角卷曲于腹部(图8-6)。

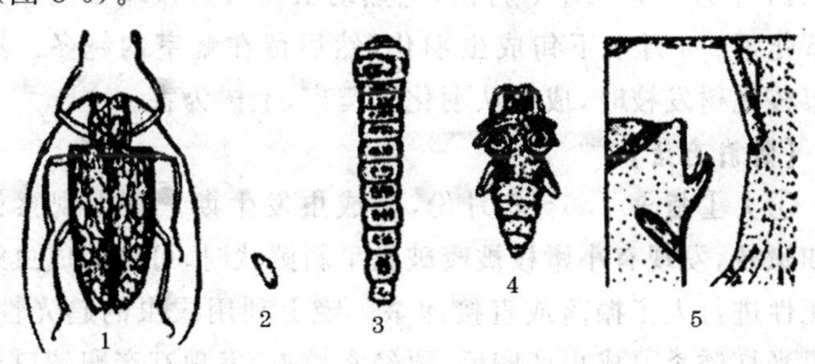


**图8-6 核桃云斑天牛**

1. 成虫 2. 卵 3. 幼虫 4. 蛹 5. 树干被害状

**【生活习性】** 该虫1年发生1代，或2～3年发生1代，因地域不同而不同。以幼虫或成虫越冬。越冬幼虫来年4月中下旬开始活动。幼虫老熟后便在隧道的一端化蛹，蛹期约1个月。核桃雌花开放时，啃咬一个1～1.5厘米大的圆形羽化口而出，5月份为成虫羽化盛期。成虫羽化后在虫口附近停留一会，然后上树取食枝皮及叶片补充营养。白天喜栖息在树干及大枝上，有受惊落地的假死性。多在夜间活动。能多次交尾。5月份成虫开始产卵，产卵前将树皮啃咬一个指头大的圆形或半月牙形破口刻槽，然后产卵其中。通常每槽内产卵1粒，每雌产卵约40粒。一般产在离地面2米以下、胸径10～20厘米的树干上，也有在粗皮上产卵的。6月中下旬为产卵盛期。成虫寿命约9个月，卵期为10～15天，然后孵化出幼虫。初孵出的幼虫在皮层内为害，被害处变黑，树皮逐渐胀裂，流出褐色树液。20～30 天后，幼虫逐渐蛀入木质部，不断向上取食。随着虫龄的增大，危害加剧，虫道弯曲，长达 25 厘米左右，不断向外排出木丝虫粪，堆积在树干附近。第一年，幼虫在蛀道内越冬，来年春季继续为害，幼虫期长达 12～14 个月。第二年 8 月份，老熟幼虫在虫道顶端做椭圆形蛹室化蛹。9 月中下旬成虫羽化，然后留在蛹室内越冬。第三年核桃树发枝时，成虫从羽化孔爬出，上树为害。

**【防治方法】**

**①人工捕杀**　5～6 月份，是成虫发生期。白天观察树叶和嫩枝，发现有小嫩枝被咬破且呈新鲜状时，可利用成虫的假死性进行人工振落或直接捕杀。晚上利用成虫的趋光性，用黑光灯诱杀。成虫产卵后，要经常检查，发现有产卵破口刻槽，即用锤敲击，以消灭虫卵和初孵幼虫。当幼虫蛀入树干后，可以虫粪为标志，用尖端弯成小钩的细铁丝，从虫孔插入，钩杀幼虫。

**②杀　卵**　该虫在树干上的产卵部位较低，产卵痕明显，用锤敲击可杀死卵和小幼虫。

**③化学防治**　清除虫孔粪屑，注入 50%敌敌畏乳油 100 倍液，用湿泥封口，以杀死树干内的幼虫。或用棉球蘸 50%杀螟松乳剂 40 倍液，塞入虫孔，或用毒签堵塞虫孔，熏杀幼虫。

**④保护天敌**　招引和保护啄木鸟，利用它捕食云斑天牛。

**(七)核桃横沟象**

又名根象甲。在四川绵阳和平武，甘肃陇西，云南漾濞，陕西商洛，河南西部等地，均有发生。在坡底沟洼和村旁土质肥沃的地方和生长旺盛的核桃树上，危害较重。

**【主要危害状】** 幼虫刚开始为害时，根颈皮层不开裂；开裂后虫粪和树液流出。根颈部有大豆粒大小的成虫羽化孔。受害严重时，皮层内多数虫道相连，充满黑褐色粪粒及木屑，被害树皮层纵裂，并流出褐色汁液。由于该虫在核桃树根颈部皮层中串食，破坏了树体的输导组织，阻碍了水分和养分的正常运输，致使树势衰弱，核桃减产，甚至树体死亡。

**【形态特征】**

①**成　虫** 体长12～16毫米，头管约占体长的1/3，全体黑色，前端着生膝状触角。前胸背板密布不规则点刻。鞘翅基部2/5前缘各横列着生棕黄色绒毛3～4丛，端部1/4处各着生棕黄色绒毛6～7丛。腿节端部膨大，胫节顶端有钩状齿，跗节底面有黄褐色绒毛，顶端有1对爪。

②**卵** 初产出时乳白色，孵化前为黄褐色。长1.4～2毫米。椭圆形。

③**幼　虫** 头部棕褐色，口器黑褐色，长15～20毫米。黄白色，肥壮，向腹面弯曲。

④**蛹** 裸蛹，长14～17毫米，黄白色。末端有2根黑褐色臀刺(图8-7)。

**【生活习性】** 该虫在陕西、河南和四川地区两年发生1

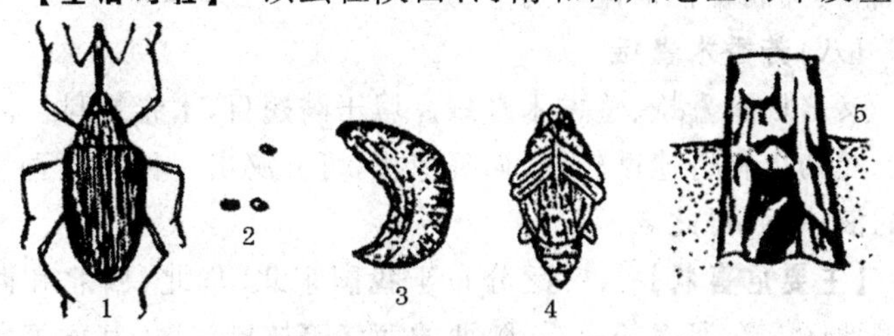


**图8-7　核桃横沟象**

1. 成虫　2. 卵　3. 幼虫　4. 蛹　5. 根颈部被害状

代。幼虫危害期长，每年3～11月份均能蛀食核桃树。12月至翌年2月为越冬期。90%的幼虫集中在表土下5～20厘米，侧根距主干140～200厘米处也有危害。蛹期平均17天左右，以幼虫和成虫在根皮层内越冬。经过越冬的老熟幼虫，4～5月份在虫道末端化蛹，到8月上旬结束。初羽化的成虫不食不动，在蛹室停留10～15天，然后爬出羽化孔，经34天左右取食树叶、根皮，以补充营养。5～10月份为产卵期。

**【防治方法】**

**①根颈部涂石灰浆** 成虫产卵前，将根颈部土壤扒开，然后在根颈上涂抹石灰浆后进行封土，阻止成虫在根颈上产卵。防治效果很好，可维持2～3年。

**②刮除根颈处粗皮** 冬季挖开根颈处泥土，刮去根颈的粗皮，在根部灌入人粪尿，然后封土，杀虫效果可达70%～100%。

**③化学防治** 6～8月份成虫发生期，结合防治举肢蛾，在树上喷50%乐斯本乳油2 000倍液，或50%杀螟松乳油1 000倍液，进行防治。

**④保护天敌** 注意保护横沟象的天敌白僵菌和寄生蝇等，用其抑制核桃横沟象的危害。

### (八)芳香木蠹蛾

又名杨木蠹蛾、蒙古木蠹蛾。属于鳞翅目，木蠹蛾科。因其老熟幼虫爬行速度较快，遇到惊扰，可分泌出一种有芳香气味的液体，而得此名。

**【主要危害状】** 广泛分布于我国东北、华北、西北和西南等地区。在河南的卢氏、陕西的商洛等核桃产区，其危害尤其严重。除危害核桃外，还危害苹果、梨、桃、杨、柳、榆等树木。幼虫群集在核桃树干基部及根部蛀食皮层，使根颈部皮层开裂,排出深褐色的虫粪和木屑,并有褐色液体流出。使树势逐年衰弱,产量降低,甚至整株枯死。

**【形态特征】**

**①成　虫**　体长27～45毫米,翅展50～97毫米,雌蛾大于雄蛾,全体灰褐色,触角栉齿状,翅上有许多黑褐色波状横纹。

**②卵**　椭圆形。初产出时白色,孵化前为暗褐色。

**③幼　虫**　老熟幼虫体长可达60～100毫米,扁圆筒形,有稀疏粗毛。背面紫红色,有光泽,腹面黄色或淡红色。头部紫黑色,前胸背板上有两个紫褐色斑。有3对胸足,4对腹足。

**④蛹**　暗褐色,长30～50毫米。第二至第六腹节背面各有两排刺。

**⑤茧**　长椭圆形,略弯曲,极致密。由入土老熟幼虫化蛹前吐丝结缀土粒构成。在此之前,幼虫先结一质地松薄的越冬用伪茧(图8-8)。

**【生活习性】**　该虫在河南、陕西、山西和北京等地,两年完成1代,在青海西宁等地3年完成1代。幼虫在被害树木的蛀道内和树干基部附近的土内越冬。越冬老熟幼虫于来年

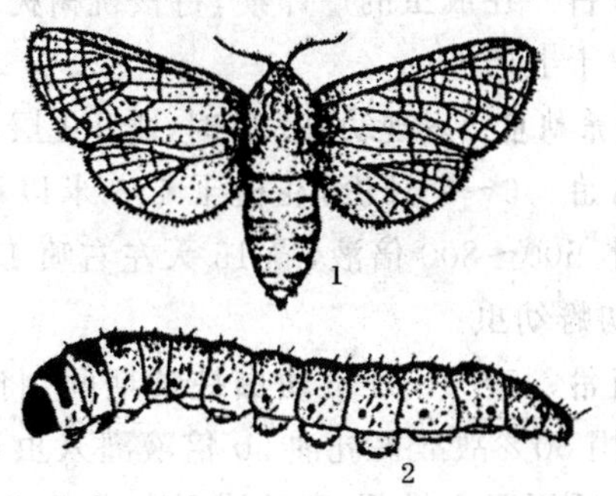


**图8-8　芳香木蠹蛾**

1. 成虫　2. 幼虫

4～5 月份化蛹，蛹期 17～52 天，平均 40 天，预蛹期约 19 天。6～7 月份羽化出成虫。成虫多在夜间活动，有趋光性。卵多产于树干基部 1.5 米以下或根茎接合部的裂缝与伤口边缘等处。每头雌虫平均产卵 245 粒。产卵块状，每块有卵50～60 粒；少者只有几粒，多者达 100 多粒。幼虫孵化后即从伤口、树皮裂缝或旧蛀孔等处蛀入皮层，排出细碎均匀的褐色木屑。幼虫先在皮层下蛀食，使木质部与皮层分离，极易剥落，在木质部的表面蛀成槽状蛀坑。此阶段常见 10 多头幼虫群集为害。虫龄增大后，常分散在树干的同一段内蛀食，并逐渐蛀入髓部，形成粗大而不规则的蛀道。10 月份起，即在蛀道内越冬。翌年继续为害，到 9 月下旬至 10 月上旬，幼虫老熟，爬出隧道，在根际处和离树干几米以外的向阳干燥处约 10 厘米深的土壤中，结伪茧越冬。

**【防治方法】**

**①消灭虫源**　及时伐除枯死树、衰弱树，并注意消灭其中的幼虫。

**②树干涂白**　在成虫的产卵期，将核桃树树干涂白，可以防止成虫在树干上产卵。

**③人工捕杀幼虫**　发现幼虫为害时，撬开皮层，挖出幼虫。

**④喷药防治**　6～7 月份，在树干 1.5 米以下至根部，喷洒 48%乐斯本 500～800 倍液，隔 15 天左右喷 1 次，连喷 2～3 次，以毒杀初孵幼虫。

**⑤灌药防治**　5～10 月份幼虫蛀食期间，将核桃树根颈部土壤扒开，用 50%敌敌畏乳油 50 倍液灌入虫道，至药液外流时为止。然后用湿土封严，毒杀树干中或根部的幼虫。

**(九)核桃瘤蛾**

又名核桃毛虫、核桃小毛虫。属鳞翅目，瘤蛾科。

【主要危害状】 主要分布于山西、河南、河北、陕西等地。幼虫咬食核桃叶片危害核桃，属于爆食性害虫，严重发生时几天内能将树叶吃光，造成枝条2次发芽，树势极度衰弱，导致翌年枝条枯死。

【形态特征】

①成　虫　体长8～11毫米，翅展19～24毫米，灰褐色。雌虫触角丝状，雄虫触角羽毛状。前翅前缘基部及中部有三个隆起的深色鳞簇，组成三块黑斑。前缘至后缘有三条由黑色鳞片组成的波状纹。后缘中部有一褐色斑纹(图8-9)。

②卵　直径为0.4毫米左右，扁圆形。中央顶部略凹陷，四周有细刻纹。初产出时为乳白色，后变为浅黄至褐色。

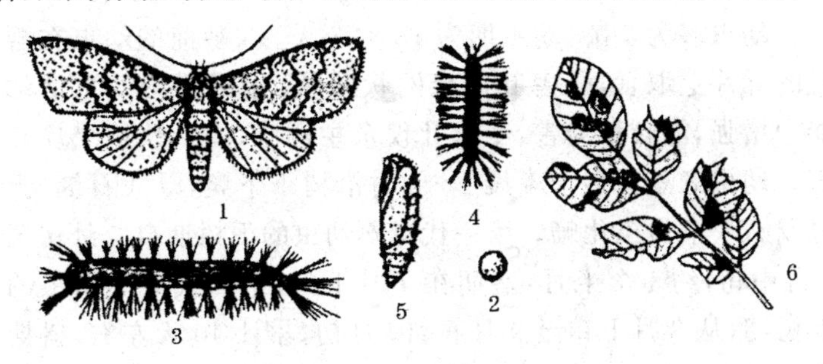


**图8-9　核桃瘤蛾**

1. 成虫　2. 卵　3. 幼虫　4. 幼虫背面观　5. 蛹　6. 危害状

③幼　虫　老熟幼虫体长12～15毫米，背面棕褐色，腹面淡黄褐色，体形短粗而扁。中、后胸背面各有四个毛瘤，两个较大的毛瘤着生较短的毛，两个较小的毛瘤着生较长的毛。体两侧毛瘤上着生的毛长于体背毛瘤上的毛。腹面第四至第七节背面中央为白色。胸足3对，腹足3对，着生在第四、第五、第六腹节上；臀足1对，着生在第十腹节上。

④蛹　体长8～10毫米，黄褐色，椭圆形，腹部末端半球

形。越冬茧长圆形，丝质细密，浅黄白色。

**【生活习性】** 该虫一年发生两代，以蛹在石堰缝中（约95%）、土缝中、树皮裂缝中及树干周围的杂草和落叶中越冬。成虫有趋光性，黑光灯对其引诱力最强，蓝色灯光次之。一般灯光诱不到蛾子。成虫在前半夜活动性强。羽化后两天产卵，卵期4～5天。卵散产于叶片背面主、侧叶脉交叉处，每处多数只产1粒卵。卵粒表面光滑，无其他覆盖物。越冬代成虫的羽化期自5月下旬至7月中旬约计50余天；盛期为6月上旬；第一代成虫的羽化期自7月中旬至9月上旬，计50余天；盛期在7月底至8月初。越冬代雌蛾产卵量为70粒左右，第一代雌蛾产卵量为260粒左右，持续100天左右。

幼虫多为7龄，幼虫期为18～27天。3龄前的幼虫在孵化的叶片上取食，受害叶仅余网状叶脉。3龄后的幼虫活动能力增强，能转移为害，受害叶仅余主侧脉，偶见核桃果皮受害。幼虫老熟后多于凌晨1～6时沿树干下爬，寻找石缝、土缝及石块下做茧化蛹。第一代老熟幼虫的下树期自7月初至8月中旬，约1个半月，盛期在7月下旬；第二代老熟幼虫的下树期，从8月下旬至9月底、10月初，累计40天左右，盛期在9月上中旬。

第一代蛹期为6～14天，第二代蛹期（越冬蛹）为9个月左右。阳坡、干燥的石堰缝中，越冬蛹的存活率高于阴坡、潮湿石堰缝中的蛹。树冠外围的叶片受害较重，上部的叶片受害重于下部的叶片。

**【防治方法】**

**①诱杀待化蛹老熟幼虫** 在树干外半径为0.5米的地面上，堆积石块，诱集下树化蛹的老熟幼虫，将其杀灭。

**②黑光诱杀** 利用其对黑光的趋光性，用黑光灯诱杀成虫。

③**化学防治**　幼虫发生危害期，喷洒4.5%高效氯氰菊酯乳油800倍液，或90%晶体敌百虫800倍液，或2.5%溴氰菊酯乳油6000倍液，进行防治。

### （十）核桃缀叶螟

又名木粘虫、缀叶丛螟。属鳞翅目，螟蛾科。

**【主要危害状】**　幼虫咬食核桃的叶片，严重发生的年份，可以把树叶吃光。广泛分布在辽宁、北京、河北、天津、山东、江苏、安徽、浙江、江西、福建、广东、湖南、湖北、河南、云南、贵州、四川和陕西等地。

**【形态特征】**

①**成　虫**　体长14～20毫米，翅展35～50毫米，全体黄褐色。前翅色深，稍带淡红褐色，有明显的黑褐色内横线及曲折的外横线，横线两侧靠近前缘处，各有黑褐色斑点1个，外缘翅、后翅灰褐色，越接近外缘颜色越深（图8-10）。

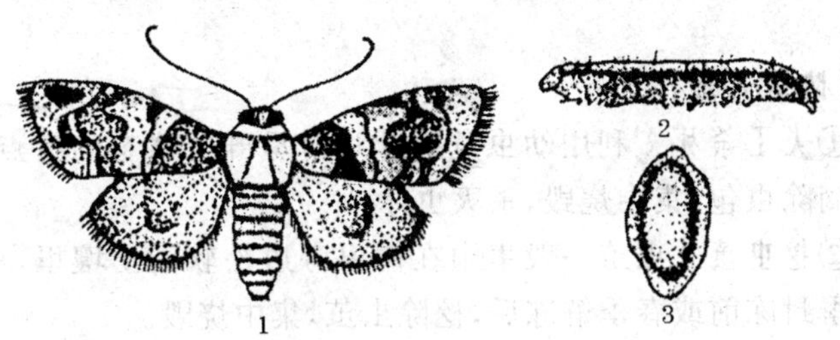


**图8-10　核桃缀叶螟**

1. 成虫　2. 幼虫　3. 茧

②**卵**　球形，密集排列成鱼鳞状，每块有卵200粒左右。

③**幼　虫**　老熟幼虫体长20～30毫米。头部黑色，有光泽。前胸背板黑色，前缘有6个黄白色斑。背中线宽、杏黄色，体侧各节有黄白色斑。腹部腹面黄褐色，疏生短毛。

④**蛹**　长约16毫米，深褐色至黑色。

⑤**茧**　深褐色，扁椭圆形，长约20毫米，宽约10毫米，硬似牛皮纸（图8-10）。

**【生活习性】**　该虫一年发生1代，以老熟幼虫在根的附近及距树干1米范围内的土中结茧越冬，入土深度为10厘米左右。翌年6月中旬至8月上旬，为越冬代幼虫化蛹期，盛期在6月底至7月中旬，蛹期10～20天。6月下旬至8月上旬，为成虫羽化期，盛期在7月中旬。成虫产卵于叶面。7月上旬至8月上中旬，为幼虫孵化期，盛期在7月底至8月初。初龄幼虫常数十至数百头群居在叶面吐丝结网，舔食叶肉。先是缠卷一张叶片呈筒形。随树体的增大，至2～3龄时，分几群为害，常将3～4片复叶缠卷成团状。4龄虫后，开始分散活动，一头幼虫缠卷一片复叶上部的3～4片叶子为害。幼虫夜间取食，白天静伏于叶筒内。受害叶片多位于树冠上部及外围，容易发现。从8月中旬开始，老熟幼虫入土做茧越冬。

**【防治方法】**

①**人工杀死**　利用幼虫危害叶片时呈群居状态的特点，可以摘除虫包，集中烧毁，杀灭虫体。

②**挖虫茧**　虫茧一般集中在树根旁边松软的土壤里，可在秋季封冻前或春季解冻后，挖除虫茧，集中烧毁。

③**农药防治**　7月中下旬，在幼虫为害的初期，喷洒25%功夫乳油1 000倍液，或40%毒死蜱乳油800～1 000倍液，进行毒杀。

### （十一）舞毒蛾

又名柿毛虫。属鳞翅目，毒蛾科。

**【主要危害状】**　在我国黑龙江、辽宁、河北、河南、山东、山西、陕西和新疆等地均有分布。主要危害核桃、柿、苹果、梨和板栗等树木，以幼虫咬食叶片，造成树势衰弱，影响产量。

**【形态特征】**

①**成　虫**　体长20～25毫米，翅展45～70毫米。雄虫体细小，茶褐色，前翅有四五条波状横线，中室中央有一个黑褐色圆形斑点，中室外端有一条黑褐色倒“V”形纹。雌蛾体肥大，污白色，前翅有1～5条波状横线，腹末密生黄褐色绒毛。雌雄蛾前翅外缘的翅脉间，均有7～8条褐色斑纹，后翅斑纹不明显(图8-11)。

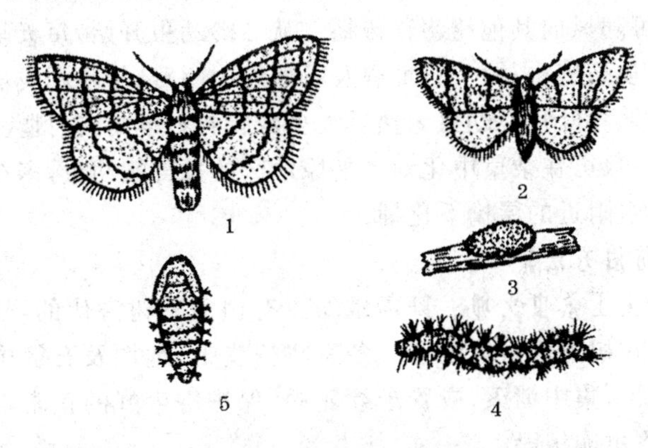


**图8-11　舞毒蛾**

1. 雌成虫　2. 雄成虫　3. 卵块　4. 幼虫　5. 蛹

②**卵**　球形，灰褐色，直径约1毫米。每个卵块有400～500粒卵，其上覆盖很厚的黄褐色绒毛。

③**幼　虫**　初孵化时淡黄褐色。老熟幼虫体长60毫米左右。头大，淡黄褐色，散生黑点，正面有“八”字形纹。胸、腹部暗黑色，背线黄褐色，第一至第十一节背面两侧，各有一对半球形毛瘤，前五对蓝色，后六对橙红色，均着生棕黑色短毛。各体节的两侧，另有较小的毛瘤，其上着生黄褐色长毛。

④**蛹**　纺锤形。黑褐色，体长20～25毫米。体表有黄色短毛。

**【生活习性】**　该虫一年发生1代，以卵块在树皮上及梯田的堰缝、石缝中越冬。翌年4月下旬开始孵化。幼虫在5月份危害最重，6月上中旬老熟化蛹，蛹期10～14天。成虫羽化期在6月中旬至7月上旬，6月下旬为羽化盛期。

雄幼虫6龄，雌幼虫7龄。1龄幼虫日夜生活于树上，群集叶片背面，白天静止不动，夜间活动取食。幼虫受惊后吐丝下垂，可随风向其他树飘移传播。从2龄幼虫开始，每天早晨爬到树皮裂缝中、树下石堆内及石堰缝中隐藏，傍晚则成群结队上树取食叶片。幼虫老熟后大多数爬到石堆内或石堰缝中化蛹，少数可在杂草中化蛹。平原地区的舞毒蛾幼虫，多在树干或寄主附近的屋檐下化蛹。

**【防治方法】**

①**人工杀虫灭卵**　舞毒蛾幼虫有白天下树潜伏的习性，可据此在树下堆石块诱杀。冬季将树皮上、地堰及石缝中的卵块挖出，集中消灭，或置于纱笼中，保护寄生蜂的正常羽化后，再将虫卵销毁。

②**刮皮涂药**　将主干距地面50～100厘米处的粗皮刮去，择光滑区段，将有效成分为溴氰菊酯和杀灭菊酯的松毛虫杀灭药剂，用涂棒在树干上涂抹宽1厘米、间距10厘米的两圈药环。

③**药物防治**　在幼虫3龄前，对树上喷洒2.5%溴氰菊酯乳油4 000～6 000倍液，或75%辛硫磷乳油2 000倍液，杀灭幼虫。

④**生物防治**　在幼虫3龄前，对幼虫喷舞毒蛾核型多角体病毒。受病毒感染的幼虫死亡后，再将其尸体捣碎，加水稀

释成 2 000～3 000 倍液,用以继续喷雾防治。

**(十二)核桃扁叶甲**

又名核桃叶甲、叶虫、金花虫。各核桃产区均有发生。

**【主要危害状】** 以成虫和幼虫群集咬食叶片为害为主,将叶片食成网状或缺刻,甚至全部吃光,仅留其主脉,似火烧,引起树势衰弱造成减产,严重时引起全株枯死。

**【形态特征】**

**①成　虫** 体扁平,略呈长方形,青蓝色至黑蓝色,长约 7 毫米。前胸背板的点刻不显著,两侧为黄褐色,点刻较粗。翅鞘点刻粗大,纵列于翅面,有纵行棱纹。

**②卵** 黄绿色。

**③幼　虫** 体黑色,胸部第一节为淡红色,以下各节为淡黑色。老熟时长约 10 毫米。

**④蛹** 墨黑色,胸部有灰白纹,腹部第二、第三节两侧为黄白色,背面中央为灰褐色(图 8-12)。

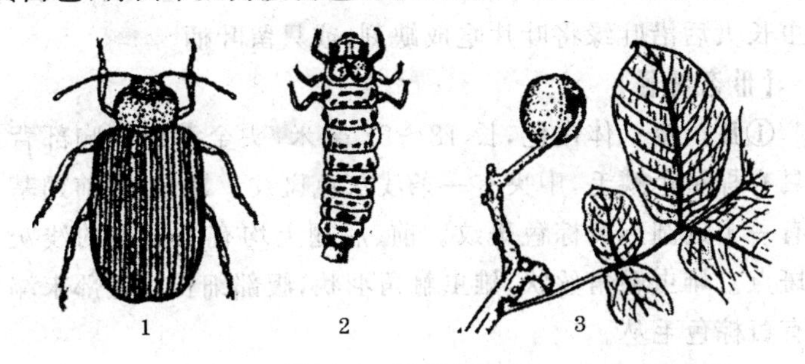


**图 8-12　核桃扁叶甲**

1. 成虫　2. 幼虫　3. 危害状

**【生活习性】** 该虫一年发生 1 代。以成虫在地面覆盖物中或树干基部粗皮缝内越冬。在华北地区,成虫 5 月初开始活动。在云南等地,成虫 4 月上中旬上树取食叶片,并产卵于叶背面。幼虫孵化后群集叶背取食叶肉,残留叶脉。5～6月份,为成虫与幼虫同时危害期。

**【防治方法】**

①**消灭越冬虫源** 在冬、春季时,刮除树干基部老翘皮,带出园地集中烧毁,去除越冬成虫。

②**黑光灯诱杀** 利用成虫的趋光性,在4～5月份成虫上树时,用黑光灯诱杀成虫。

③**化学防治** 4～6月份,喷40%硫酸烟碱水剂800倍液,或10%吡虫啉可湿性粉剂2 000倍液,10%氯氰菊酯8 000倍液,防治成虫和幼虫,效果良好。

### (十三)木橑尺蠖

又名小大头虫、吊死鬼。是一种分布较广的杂食性害虫。

**【主要危害状】** 幼虫对木橑、核桃树危害十分严重。严重发生时,幼虫在3～5天内即可把全树叶片吃光,致使核桃减产,树势衰弱。受害叶片出现斑点状透明痕迹或小空洞。幼虫长大后沿叶缘将叶片吃成缺刻,或只留叶柄。

**【形态特征】**

①**成　虫** 体白色,长18～22毫米,头金黄色。胸部背面具有棕黄色鳞毛,中央有一条浅灰色斑纹。翅白色,前翅基部有一个近圆形黄棕色斑纹。前、后翅上均有不规则的浅灰色斑点。雌虫触角丝状,雄虫触角羽状,腹部细长。腹部末端具有黄棕色毛丛。

②**卵** 翠绿色,扁圆形,长约1毫米。孵化前为暗绿色。

③**幼　虫** 老熟时体长60～85毫米,体色因寄主不同而有变化。头部密生小突起,体密布灰白色小斑点。虫体除首尾两节外,各节侧面均有一个灰白色圆形斑。

④**蛹** 纺锤形。初期翠绿色,最后变为黑褐色。体表布

满小刻点。头顶两侧有齿状突起,肛门及臀棘两侧有3块峰状突起(图8-13)。

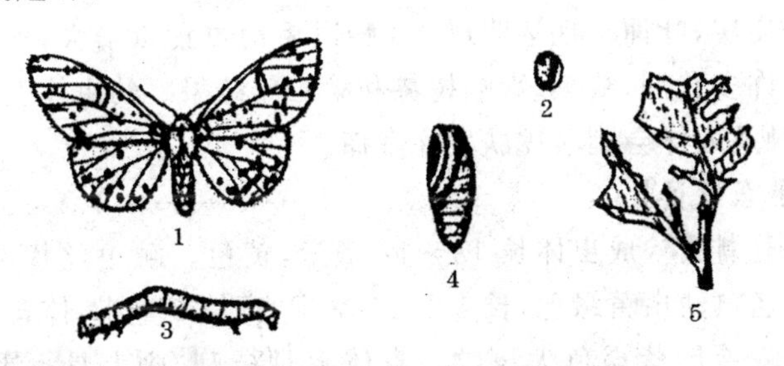


**图8-13　木橑尺蠖**

1. 成虫　2. 卵　3. 幼虫　4. 蛹　5. 危害状

**【生活习性】**　该虫每年发生1代,以蛹在树干周围土中或阴湿的石缝里、梯田壁内越冬。翌年5～8月份,冬蛹羽化,7月中旬为羽化盛期。成虫出土后2～3天开始产卵,卵多产于皮缝或石块上。幼虫发生期在7月份至9月上旬。8月中旬至10月下旬,老熟幼虫化蛹越冬。幼虫活泼,稍受惊动即吐丝下垂。成虫不活泼,喜晚间活动,有趋光性。

**【防治方法】**

①**灯光诱杀**　于5～8月份成虫羽化期,用黑光灯诱杀或堆火诱杀成虫。

②**人工挖蛹**　早秋或早春,结合整地、修台堰等,在树盘内人工挖蛹,并集中杀死。

③**药物防治**　幼虫孵化盛期,在树下喷下列任何一种药剂:敌杀死2000倍液,50%杀螟松乳剂800倍液。

**(十四)刺蛾类**

又名洋拉子、八角。是一种杂食性害虫。在全国各地均有分布。以幼虫取食叶片,影响树势和产量,是核桃叶部的重要害虫。刺蛾的种类有黄刺蛾、绿刺蛾、褐刺蛾和扁刺蛾等。

**【主要危害状】** 初龄幼虫取食叶片的下表皮和叶肉，仅留上表皮层，叶面出现透明斑。3 龄以后幼虫食量增大，把叶片吃成许多孔洞，缺刻，影响树势和第二年结果。幼虫体上有毒毛，触及人体会刺激皮肤发痒发痛。

**【形态特征】**

**①黄刺蛾** 成虫体长 13～17 毫米，黄色。触角丝状，棕褐色。老熟幼虫黄绿色，长 18～25 毫米，宽约 8 毫米，体背上具两条哑铃形紫褐色大斑纹。身体上具枝刺，刺上具毒毛。卵扁椭圆形，扁平，淡黄色，长 1.4 毫米。茧椭圆形，长约 12 毫米。质地坚硬，灰白色，具黑褐色纵条纹。

**②绿刺蛾** 成虫体长 13～17 毫米，黄绿色。翅基棕色，近外缘有黄褐色宽带。卵扁椭圆形，翠绿色。幼虫体长约 25 毫米，体黄绿色。背具有 10 对刺瘤，生有毒毛。后胸亚背线毒毛红色，背线红色。前胸有一对突刺黑色，腹末有蓝黑色毒毛四丛。茧椭圆形，栗棕色。

**③扁刺蛾** 成虫体长约 17 毫米，体刺灰褐色。前翅有一条明显的暗褐色斜线，线色淡，后翅暗灰褐色。卵椭圆形，扁平。幼虫体长 26 毫米，黄绿色，扁椭圆形。背面稍隆起，背面白线贯穿头尾。虫体两侧边缘有瘤状刺突各 10 个，第四节背面有一红点。茧长椭圆形，黑褐色。

**④褐刺蛾** 成虫体长约 18 毫米，灰褐色。前翅棕褐色，有两条深褐色弧形线，两线之间色淡。在外横线与臀角间有一紫铜色三角斑。卵扁平，椭圆形，黄色。幼虫体长 35 毫米，体绿色。背面及侧面天蓝色，各体节刺瘤着生红棕色刺毛，以第三胸节及腹部背面第一、第五、第八、第九节刺瘤最长。茧广椭圆形，灰褐色（图 8-14）。

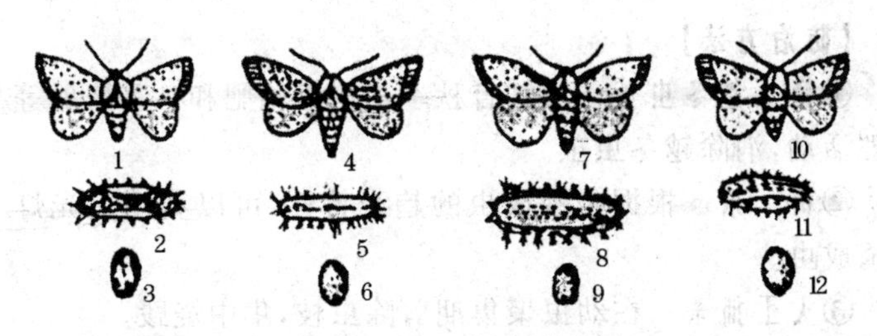


**图 8-14　刺　蛾**

1～3. 黄刺蛾(1. 成虫,2. 幼虫,3. 茧)
4～6. 褐边绿刺蛾(4. 成虫,5. 幼虫,6. 茧)
7～9. 褐刺蛾(7. 成虫,8. 幼虫,9. 茧)
10～12. 扁刺蛾(10. 成虫,11. 幼虫,12. 茧)

**【生活习性】**

**①黄刺蛾**　该虫在东北、山东和河北北部等地,一年发生1代;长江流域及河南、河北南部与陕西等地,一年发生两代。以老熟幼虫在树杈处、小枝上或树干粗皮上结茧越冬。翌年5～6月份化蛹,6月中旬至7月中旬羽化产卵,8月中旬第一代成虫羽化产卵,第二代幼虫危害至10月份。成虫具有趋光性。

**②绿刺蛾**　该虫一年发生1～3代,以老熟幼虫在树干基部结茧越冬。成虫于6月上中旬开始羽化,末期在7月中旬。8月份是幼虫为害盛期。成虫的趋光性较强,夜间活动。初孵幼虫有群集性。

**③扁刺蛾**　该虫一年发生2～3代,以老熟幼虫在土中结茧越冬。6月上旬开始羽化为成虫。成虫有趋光性。幼虫发生期很不整齐,6月中旬出现幼虫,直到8月上旬仍有初孵幼虫出现,幼虫为害盛期在8月中下旬。

**④褐刺蛾**　该虫一年发生1～2代,以老熟幼虫在土中结茧越冬。

**【防治方法】**

**①消灭越冬虫茧** 可结合秋季挖树盘施肥和冬季修剪等管理活动，消除越冬虫茧。

**②诱　杀** 根据刺蛾成虫的趋光特性，可以利用黑光灯诱杀成虫。

**③人工捕杀** 在幼虫聚集期剪除虫枝，集中烧毁。

**④保护天敌** 上海青蜂对黄刺蛾茧有寄生的特性，可对它加以保护，利用它来消灭越冬茧内的黄刺蛾老熟幼虫。

**⑤化学防治** 幼虫危害严重时，用苏云金杆菌或青虫菌500倍液，或25％灭幼脲3号胶悬剂1 000倍液，或5％辛硫磷100倍液，或90％晶体敌百虫液，或48％乐斯本乳油1 500倍液，或用每克含100亿以上孢子的青虫菌粉剂1 000倍液喷雾。

**(十五)铜绿金龟子**

又名铜绿丽金龟。属鞘翅目，丽金龟科。

**【主要危害状】** 在我国吉林、辽宁、河北、河南、山东、山西、陕西、湖南、湖北、江西、安徽、江苏和浙江等地均有分布。以成虫取食核桃、苹果、枫杨、杨、柳、榆和栎等多种树木，常常导致大片树叶被吃光，尤以幼树受害严重。幼虫危害树木的根部。

**【形态特征】**

**①成　虫** 体长约19毫米，宽9～10毫米，椭圆形。身体背面包括前胸背板、中胸小盾片和鞘翅，均为铜绿色，有金属光泽。额及前胸背板两侧缘黄色。触角腮叶状，浅黄褐色。鞘翅上有不明显的3条隆线。虫体的腹面和足的大部分均为黄褐色。

**②卵** 卵圆形，长约2毫米。初为乳白色，后渐变为淡

黄色，表面光滑。

③幼　虫　老熟幼虫体长约40毫米，头黄褐色，胸、腹部乳白色。腹部末节腹面除钩状毛外，尚有排成两纵列的刺状毛14～15对。

④ 蛹　裸蛹，初期白色，后逐渐变为淡褐色（图8-15）。

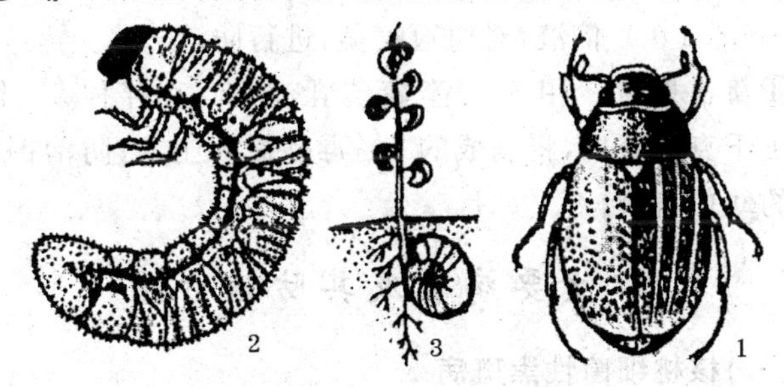


**图8-15　铜绿金龟子**

1. 成虫　2. 幼虫　3. 幼虫为害状

**【生活习性】**　该虫一年发生1代，以幼虫在土壤内越冬。翌年5月份幼虫老熟，在土室内化蛹。6～7月份，为成虫出土为害期，7月中旬后逐渐减少，8月下旬终止。主要为害期40天左右。成虫具有较强的假死性和趋光性，多在傍晚6～7时飞出，交尾产卵，8时以后为害，凌晨3～4时又重新回到土中潜伏。成虫喜栖息在疏松、潮湿的土壤里，潜入深度一般在7厘米左右。成虫于6月中旬开始产卵，多散产于树下的土壤内或大豆、花生地里，卵期10天左右。7月上旬，第一代幼虫取食寄主植物的根部，到10月上中旬，幼虫开始向土壤深处转移越冬。

**【防治方法】**

①人工防治　在6月份成虫大量发生期的每天傍晚，利用成虫的假死性，进行敲树震虫，在树下用塑料布接虫，收集

后将其消灭。

②**黑光灯诱杀**　利用成虫的趋光性，在6～7月份用黑光灯诱杀成虫。

③**化学防治**　成虫大量发生的年份，6～7月份是成虫为害的高峰期。此期可用50%的马拉硫磷乳油，或50%辛硫磷乳油800～1 000倍液，对树冠喷雾，进行防治。

④**防治蛴螬**　用50%辛硫磷乳油100克拌种50千克，或拌1千克炉渣后，将制成的5%毒砂撒入土内，防治铜绿金龟子的幼虫蛴螬。

## 二、主要病害及其防治方法

### (一)核桃细菌性黑斑病

该病是由细菌侵染而引起的病害，发生范围广泛。主要危害核桃的果实，也危害核桃的叶片、嫩梢和枝条。感病后引起果实变黑、早落、核仁腐烂或核仁干瘪，果实感病率在10%～40%之间。在核桃各产区均有发生。叶片和嫩梢的受害率达70%～100%。

**【主要危害状】**　主要危害核桃果实。果实受害后，绿色幼果初期青皮上产生褐色油浸状小斑点，无明显边缘，后期扩大成圆形或不规则形斑块，严重时病斑凹陷，深入内果皮。在雨天，病斑周围有水浸状晕圈。此病导致全果变黑腐烂，果仁干瘪，果实早落。

叶片感病后，初期病斑较小，黑褐色，近圆形或多角形，外缘呈半透明油浸状晕圈；后期，病斑中央呈灰色或穿孔；严重时，数个病斑连合，整个叶片发黑，枯焦。叶柄、嫩梢和枝条上的病斑，呈黑色长梭形或不规则形，下陷。严重时，可引起整个枝条枯死(图8-16)。

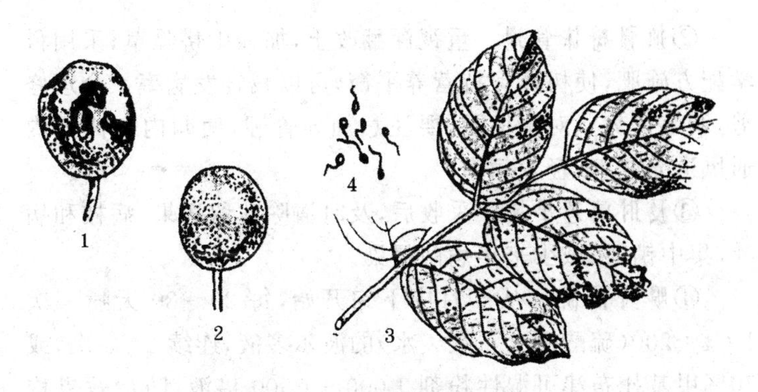


**图 8-16　核桃细菌性黑斑病**

1、2. 病果　3. 病叶　4. 病原菌

**【侵染循环】**

**①侵染特点**　病原细菌残留在病果、病叶、病枝或病苗顶梢病组织内越冬。第二年春季，借风、雨水和昆虫等传播到果实或叶片上，经伤口或气孔侵入树体。在花期，也可随被侵染花粉传播病菌。举肢蛾危害严重的核桃园或产区，此病易大量发生。

**②发生条件**　空气湿度大时，有利于该病发生，雨后病害迅速蔓延。核桃园密度较大，树冠郁闭，通风透光不良，有利于病菌侵染。

**③侵染和发病时间**　核桃树在展叶期和花期易感此病，5 月中下旬开始侵染果实、枝条、叶片和幼嫩组织。潜育期为 10～15 天。

**【防治方法】**

**①选栽丰产优质抗病品种**　选栽抗病性好的优良核桃品种，是防治细菌性黑斑病的重要环节。核桃楸较抗黑斑病，以它做砧木嫁接的核桃树抗病性也较好。

②**加强树体管理** 重视深翻改土,加强中耕除草,采用科学配方施肥,使树体保持营养平衡,可以减轻发病率。合理修剪,调节树势。对密植园,要注意加强管理,使园内和树冠内通风透光好,减轻发病率。

③**及时清理果园** 采收后,及时清除残留病果、病枝和病叶,集中销毁,减少来年病菌侵染。

④**喷药预防** 从5月中下旬开始,每20～30天喷一次1∶1∶200(硫酸铜∶石灰∶水)的波尔多液,连续2～3次,或70%甲基托布津可湿性粉剂1 000～1 500倍液,防治效果均佳。

**(二)核桃溃疡病**

该病是一种真菌性的病害,主要危害幼树主干、嫩枝和果实,一般植株被害率在20%～40%之间,严重时可达70%～100%。可引起植株生长衰弱、枯枝甚至死亡;果实感病后,引起果实干缩、变黑腐烂,进而早落,降低品质,影响产量。在国内的南北核桃产区均有发生。

**【主要危害状】** 在树干及主侧枝的基部易发生此病。发病初期,出现直径为0.1～2厘米的褐色或黑色近圆形病斑,有的扩展成梭形或长条状病斑。

幼嫩枝干感病时,病斑呈水渍状或形成明显的水泡,水泡破裂后流出褐色黏液,从而形成圆形病斑。之后病斑呈黑褐色。发病后期病斑干缩下陷,中央裂开,病部处散生许多小黑点,严重时,病斑扩展或数个相连,形成梭形或长条形病斑。若病部不断扩大,环绕枝干一周时,会形成枯梢、枯枝或整株死亡。

成龄树或较老化树的枝干感病后,病斑呈水渍状,中心黑褐色,四周浅褐色,无明显的边缘,病皮下的韧皮部和内皮层组织腐烂，呈褐色或黑褐色，有时深达木质部。病斑扩展或数个联合后，可引起树势衰弱或整株死亡。

果实受害后，果面上形成大小不等的褐色至黑褐色的圆形病斑，引起早期落果、干缩或变黑腐烂，果面产生许多突起的褐色至黑色粒状物(图 8-17)。

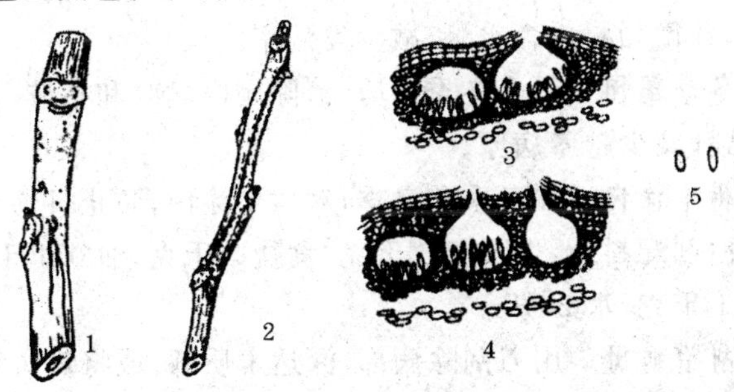


**图 8-17　核桃溃疡病**

1、2. 症状　3. 分生孢子器　4. 子囊壳　5. 子囊孢子

**【侵染循环】**

①**侵染特点**　病菌在病斑组织内越冬。来年春季气温回升、雨量适宜时，病菌形成分生孢子并借雨水传播，从枝干的皮孔或受伤部位侵入，形成新的溃疡病斑。新病斑又可形成分生孢子，并借雨水再次传播，进行多次再侵染。

②**侵染条件**　早春低温干旱，风大，核桃树幼嫩枝梢失水较多，生长衰弱的植株，易发生此病。另外，植株受到冻害、日灼时，也易引发此病。

③**侵染和发病时间**　2～3 月份，低温干旱、风大时侵入树体，4 月上中旬病害逐渐发生，5～6 月份为发病高峰，7～8 月份病害基本停止，9～10 月份病害略有发展，11 月份停止扩展。潜育期为 1～2 个月。

**【防治方法】**

①**选栽抗病品种**　新疆核桃品种较抗此病，可酌情选栽。

②**加强树体管理**　结合深翻改土，多施有机肥和间作绿肥作物。尤其要加强土壤水分管理，除注意及时灌水外，还可利用高吸水性树脂，将它施于田间植株周围，以明显提高土壤保水性，并增加树皮含水量，减少发病率。

③**冬季清园**　结合冬季修剪，清除园内病叶和枯枝，带出园外烧毁，减少越冬病原。

④**树干涂白**　在冬季和夏季，对树干涂白，防止日灼和冻害。涂白剂配料为：生石灰 5 千克，食盐 2 千克，油 0.1 千克，豆面 0.1 千克，水 20 升。

⑤**刮治病斑**　用刀刮除病部，深达木质部，或将病斑纵横划几道口子，然后涂刷 3 波美度石硫合剂，或 1%硫酸铜液，或 10%碱水或 1∶3∶15 的波尔多液，均有一定的防治效果。

### (三)核桃炭疽病

该病是由真菌侵染引起的病害。主要危害核桃的果实，也危害核桃的叶、芽和嫩梢。核桃树感病后，易引起早期落果或果仁干瘪，果实的感病率在 20%～40%之间，严重时可达 90%以上。此病在华北和华东核桃产区发生较重，在新疆核桃上主要是危害果实。该病除危害核桃树外，还危害苹果、梨、葡萄、李、樱桃、山楂和柿等果树。

**【主要危害状】**　主要危害核桃果实。果实受害初期，青皮表面上产生黑色或黑褐色圆形或近圆形的病斑，后期病斑扩大至皮内，中央凹陷，并散生呈同心轮纹状排列的许多黑色小点。天气潮湿时，病斑上会出现粉红色的病菌分生孢子盘和分生孢子。在被侵染的病果上可产生 1～10 个不等的病斑，病斑扩大或数个病斑融合，导致全果发黑腐烂，或果仁干瘪(图 8-18)。

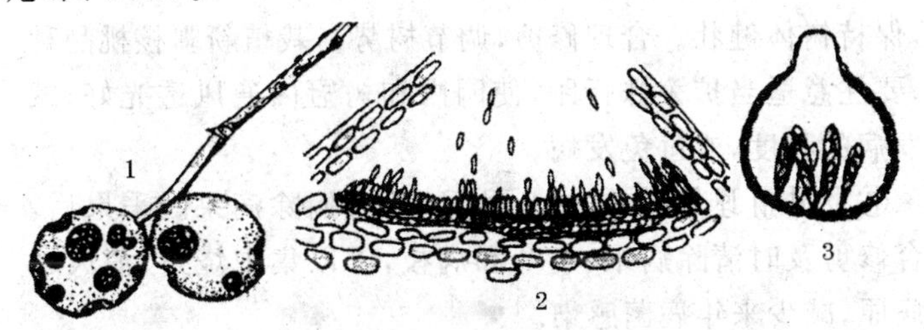


**图 8-18　核桃炭疽病**

1. 病果　2. 分生孢子盘　3. 子囊壳

核桃叶片的感病率较低,病斑呈不规则的黄色或黄褐色长条状。天气潮湿时,病斑上也出现粉红色的分生孢子,发病严重时引起整个叶片枯黄。

**【侵染循环】**

**①侵染特点**　病菌以菌丝和分生孢子,在病果、病芽和病叶中越冬。翌春天气转暖后,所产生的大量病菌分生孢子,借风雨和昆虫等传播,从伤口或直接穿透表皮侵入。发病后产生的分生孢子团,可以发生多次侵染。

**②侵染条件**　高温、高湿有利于该病的发生和传播,雨水早且多、湿度大的年份或地区,发病早而重。平地或地下水位高的河滩地,植株密度过大,树冠郁闭,通风透光不良,均易感染此病。举肢蛾发生较多的核桃园,也易引发此病。

**③侵染和发病时间**　6 月下旬或 7 月中下旬,开始侵染果实或叶片,潜育 4～9 天后开始发病。

**【防治方法】**

**①选栽丰产优质抗病品种**　新疆核桃品种较易感病,晚熟品种较早熟品种抗病。选择栽培品种时,要选择对该病抗性强的品种。

②**加强树体管理** 改良土壤，加强中耕除草，增施有机肥，保持树体健壮。合理修剪，调节树势。栽植新疆核桃品种时，要注意适当扩大株行距，使园内和树冠内通风透光好，减轻发病的程度，或避免发病。

③**及时清理果园** 6～7月间，及时摘除病果。采果后，结合修剪及时清除病果、病叶和病枝，予以集中烧毁，消灭越冬病原，减少来年病菌感染。

④**提前预防** 发芽前，喷3～5波美度石硫合剂。在发病前的6月中下旬至7月上中旬间，喷1∶1∶200（硫酸铜∶石灰∶水）的波尔多液，或50%退菌特可湿性粉剂600～800倍液2～3次。

⑤**施药防治** 在发病期喷50%多菌灵可湿性粉剂100倍液，或2%农抗120水剂200倍液，75%百菌清600倍液，50%托布津800～1000倍液。每半个月1次，连喷2～3次。如能加黏着剂（0.03%皮胶等），效果会更好。

### （四）核桃白粉病

该病是由真菌引起的病害，主要危害核桃的叶片、幼芽与新梢。在干旱的年份或季节，核桃感病率高达100%，可造成早期落叶，树势衰弱，影响产量。在我国核桃产区分布广泛。

**【主要危害状】** 受害叶片的正反面出现明显的片状薄层白粉，即病菌的菌丝、分生孢子梗和分生孢子。秋后，在白粉层中出现褐色至黑色小颗粒。发病初期，核桃叶面有褪绿的黄色斑块，严重时，嫩叶停止生长，叶片变形扭曲和皱缩，嫩芽不能展开，影响树体正常生长。幼苗受害后，造成植株矮小，顶端枯死，甚至全株死亡（图8-19）。

**【侵染循环】**

①**侵染特点** 病菌在落叶或病梢上越冬，次年春季气温

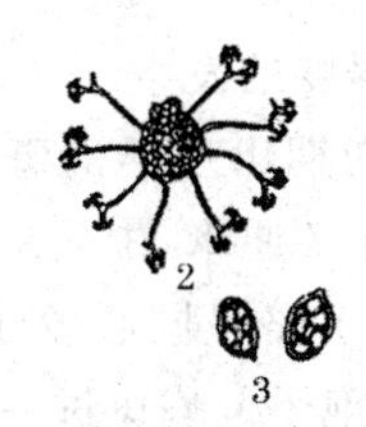

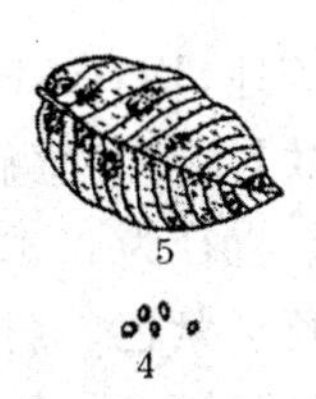

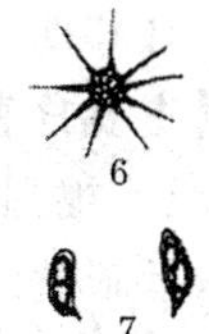


**图 8-19　核桃白粉病**

1. 病叶正面　2. 孢子囊壳　3,4. 子囊和子囊孢子　5. 病叶背面　6,7 子囊壳和子囊　（1,2,3,4. 为核桃叉丝壳引起的症状；5,6,7. 为核桃球针壳引起的症状）

回升，遇雨水散放出孢子，借气流等传播方式进行初次侵染，侵害嫩叶、幼芽和嫩梢。发病后病斑的分生孢子多次进行再侵染。秋季病叶上又产生黑色的颗粒。

**②侵染条件**　温暖而干燥的气候，有利于此病的蔓延。在氮肥多、钾肥少及枝条生长不充实的条件下，易发病。

**③侵染和发病时间**　次年春季进行初次侵染，7～8 月份开始发病，病部以分生孢子进行多次再侵染。

**【防治方法】**

**①及时清园**　清除病叶和落叶，减少初次侵染的来源。

**②加强树体管理**　科学施肥，注意氮肥、磷肥和钾肥的协调施用，以防止枝条徒长，增强树体抗病能力。

**③药物防治**　在发病初期的 7～8 月份，喷布 0.2～0.3 波美度石硫合剂，或 70%甲基托布津可湿性粉剂 800 倍液、2%农抗 120 水剂 200 倍液与 25%粉锈宁 500～800 倍液，最后者效果最佳。

**（五）核桃褐斑病**

该病由真菌引起，主要危害叶片、嫩梢和果实，引起早期落叶和枯梢，影响树势和产量。在我国河北、河南、陕西、山东、吉林和四川等地，均有不同程度的发生。

**【主要危害状】** 叶片感病初期出现小褐斑，扩大后呈近圆形或不规则形，直径为0.3～0.7厘米，中间灰褐色，边缘不明显，呈暗黄绿色至紫色。病斑上略呈同心轮纹状排列的黑褐色小点，为分生孢子盘与分生孢子。病斑进一步扩大联合，形成大片枯斑，严重时引起早期落叶。嫩梢上病斑呈长椭圆形或不规则形，黑褐色，稍凹陷，边缘褐色，中间有纵向裂纹，后期病斑上散生小黑点，即分生孢子盘与分生孢子，严重时造成枯梢。果实上的病斑较叶片上小，凹陷，扩展或连片后，果实变黑腐烂。苗木受害后可造成大量枯梢(图8-20)。

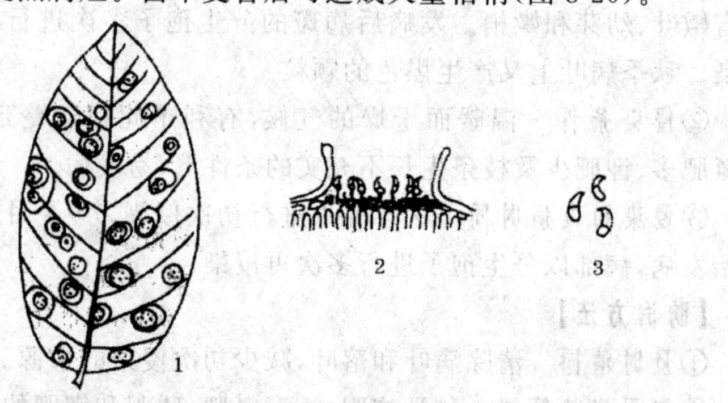


**图8-20 核桃褐斑病**

1. 病叶 2. 分生孢子盘 3. 分生孢子

**【侵染循环】**

**①侵染特点** 病菌在落叶或感病枝条的病残组织内越冬，来年春天分生孢子借风雨进行传播。

**②侵染条件** 高温和高湿有利于此病菌繁殖蔓延，雨水多的年份发病重，在雨后高温、高湿的情况下发展迅速。

**③侵染和发病时间** 在陕西地区，5月中旬至6月上旬开始发病，7～8月份为发病高峰期。

【防治方法】

①**适时清园** 采果后，结合树体修剪彻底清园，清除病害枝梢、病叶和病果，集中烧毁或深埋，以减少初次侵染源。

②**药物防治** 在6月中旬和7月份，各喷一次200倍石灰倍量式波尔多液，或50%甲基托布津800倍液，或40%杜邦福星乳油8 000～10 000倍液。

### (六)核桃腐烂病

又称烂皮病、黑水病。是一种真菌危害的病害。主要危害核桃枝干的树皮，严重时，造成枝枯、结果能力下降，植株发病率达50%左右，严重的可高达90%以上，导致整株死亡。在新疆、甘肃、河南、山东、四川和安徽等核桃产区均有发生。

【主要危害状】 该病危害核桃的枝干。幼树主干和骨干枝感病时，多深入木质部。病斑近梭形。发病初期呈暗灰色，水渍状，稍隆起，用手指按压时，能溢出带有泡沫的汁液。腐皮组织逐渐变为褐色，有酒糟味。后期病组织失水下陷，并散生黑色小点粒。天气潮湿时，小黑点涌出橘红色胶质丝状物。病斑沿枝干纵横扩展，后期皮层纵向开裂，流出黑水(俗称黑水病)。病斑环绕枝干一周时，导致枝干或整株死亡。

老龄核桃树主干上的初期病斑，一般在韧皮部下方隐藏发展，不易发现。刮开皮层时，可见许多病斑呈小岛状相互串联，周围集聚着大量的白色菌丝。当发现由皮层向外溢出黑色黏稠物时，病斑已经发展较大。后期从树皮裂缝处流出黏稠的黑水。

枝条感病后常出现枯枝，主要发生在营养枝、徒长枝和2～3年生的大枝上，遭受冻害的枝条易发生此病。表现为枝条失绿，皮层与木质部剥离，皮下密生许多黑色小点粒，使整个枝条干枯。在有修剪伤口的枝条上发病时，多从剪口开始感染,有明显的褐色病斑。病斑沿枝梢向下蔓延,环绕枝干一周时,引起整个枝条枯死(图 8-21)。

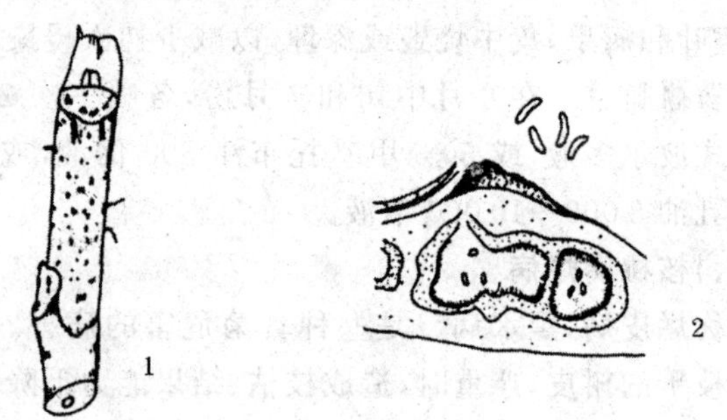


**图 8-21 核桃腐烂病**

1. 病枝 2. 分生孢子器和分生孢子

**【侵染循环】**

**①侵染特点** 该病菌在枝干上的病组织内越冬。来年春天,分生孢子借风、雨、昆虫传播。病原菌可从冻伤、日灼伤、机械伤、修剪口和嫁接口等伤口处侵入树体,引起病害发生。

**②侵染条件** 成年树在结果盛期易发此病。在土壤瘠薄黏重、排水不畅、地下水位高和有盐碱的地块核桃易发生此病。形成大量徒长枝和营养枝,易受冻伤或干旱失水的核桃树,可引发此病。肥水不足,尤其因冻寒害、盐碱害及不合理的整形修剪造成树势衰弱时,发病更为严重。

**③侵染和发病时间** 在生长季节,病菌可发生多次侵染,因此,从早春至树体越冬前,均是该病发生期。春、秋二季发病最多,4～5 月份为主要发病期。

**【防治方法】**

**①加强树体管理** 这是防治腐烂病的基本措施。主要是改良土壤,促进根系发育,合理间作,增施有机肥,适时追肥,

合理修剪，调节树势，提高树体营养水平，增强树体抗寒抗冻抗病能力。

**②烧毁病枝** 及时收集园内病枝病皮，带出园外烧毁，减少病菌来源。

**③树干涂白** 对新定植的幼树，更应注意冬、夏季进行树干涂白，防止冻害和日灼发生，减少病菌侵入通道。

**④刮治老皮和病斑** 春季，彻底刮除病斑，以微露新皮为准。刮除范围应比变色坏死组织宽 0.5 厘米左右，刮口要光滑平整。刮后在伤口涂上 5～10 波美度石硫合剂，或 1%硫酸铜液，或 50%甲基托布津可湿性粉剂 100 倍液，进行消毒保护。

**⑤药剂防治** 以 70%甲基托布津 50～100 倍液，给幼树刷干嫁接伤口刷 200～300 倍液，修剪伤口刷 100～500 倍液，愈合伤口刷 50～100 倍液。

### (七)核桃枝枯病

该病由真菌侵染引起，主要危害核桃枝干，造成枝干枯死。植株感病率一般可达 20%，重的达 90%。严重影响核桃产量，并且引起树冠逐年缩小，影响材积增长。此病也危害野核桃、核桃楸和枫杨。

在辽宁、河南、河北、山东、陕西、甘肃、四川和江苏等地，均有此病发生。

**【主要危害状】** 该病菌多从 1～2 年生的枝梢或侧枝上侵染树体。侵染发病后，再从顶端逐渐向下蔓延到主干。受害枝的叶片变黄脱落。感病初期病部皮层失绿，呈灰褐色，后变为浅红褐色或深灰色。病部稍下陷，干燥时开裂下陷露出木质部。当病斑扩展绕枝干一周时，出现枯枝以至全株死亡。在病死的枝干上，产生密集的黑色小点粒，即病菌的分生孢子盘。当空气湿度大时,大量分生孢子和黏液从盘中涌出,在盘口形成黑色小瘤状突起(图 8-22)。

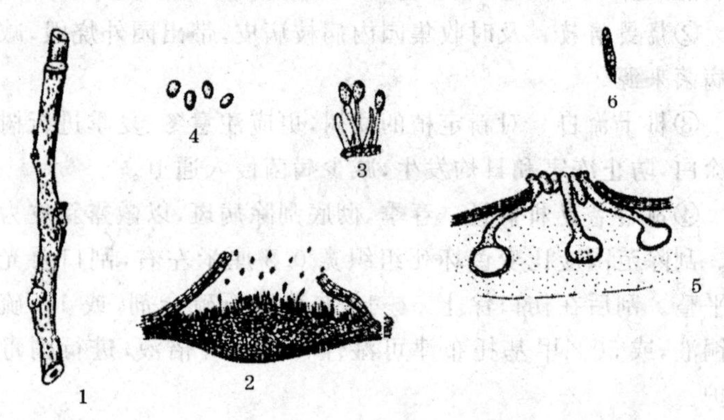


**图 8-22　核桃枝枯病**

1. 病枝　2～4. 分生孢子盘及分生孢子　5,6. 子囊壳和子囊孢子

**【侵染循环】**

**①侵染特点**　该病菌在枝干的病斑内越冬,来年分生孢子借风、雨、昆虫传播。孢子萌发后,从各种伤口或枯枝处侵入皮层,逐渐蔓延。

**②侵染条件**　空气湿度大或雨水多时,遭受冻害或春旱、长势弱或伤害重的树易发病;栽植密度过大,通风透光不良时,发病较重。

**③侵染和发病时间**　春季 3～4 月份初次侵染。5～6 月份开始发病,初期病斑不明显。随病斑的不断扩大,皮层枯死开裂,病部表面分生孢子盘不断散放出分生孢子,可以进行多次侵染。7～8 月份为发病盛期。

**【防治方法】**

**①选栽抗病品种**　新建核桃园时,要选择适合当地生态

条件的良种和栽植密度,减少感病率。

**②加强树体管理** 山地核桃园应搞好水土保持工作,改良土壤,深翻扩穴,同时增施以有机肥为主的基肥,合理追施化肥,增强树势,提高抗病能力。

**③树干涂白** 冬季将树干涂白,进行防冻、防虫和防病处理。涂白剂配方为:生石灰12.5千克,食盐1.5千克,植物油0.25千克,硫黄粉0.5千克,水50升。

**④及时清园** 结合修剪及时剪除病枯枝,将其带出园外及时烧毁,减少病菌初次侵染源。用波尔多液涂抹剪锯口。

**⑤病部涂治** 在发病的枝干病部处用2%的五氯酚蒽油胶泥涂抹。

**(八)苗木菌核性根腐病**

又叫白绢病。该病属真菌性病害,多危害一年生核桃幼苗,造成苗木主根和侧根皮层腐烂,地上部枯死,落叶,乃至全树死亡。此病在全国各地均有发生,往往给育苗工作带来严重的损失。

**【主要危害状】** 高温和高湿时,苗木根茎基部和周围的土壤及落叶表面,有白色绢丝状的菌丝体产生;随后在菌丝体上长出油菜籽状的小菌核,初为白色,后转为茶褐色。

**【侵染循环】**

**①侵染特点** 病菌的菌丝或菌核在病株残体和土壤中越冬,温、湿度等条件适合时,菌核萌发,产生菌丝体,在土壤中蔓延,借雨水、流水传播。

**②侵染条件** 高温、高湿和排水不良,有利于此病蔓延。在土壤黏重、酸性土或前作为蔬菜、粮食及油菜等地上育苗时,易感此病。

**③侵染和发病时间** 一般5月下旬开始发病,6～8月份

为发病高峰期,9～10月份基本停止

**【防治方法】**

**①加强检疫** 对苗木加强检疫,以防栽植带菌苗木,使该病在新植幼树传播。

**②选好圃地** 避免苗圃连作,选排水好、地下水位低的圃地。在多雨区采取高床育苗,施足有机肥和钾肥,加强苗木管理,适当提早播种,提高苗木木质化程度以增强抗病性。

**③搞好播前种子、土壤处理** 种子处理:播种前用0.2%～0.3%的30%菲醌粉剂或0.3%的50%多菌灵粉剂作拌种消毒。土壤处理:翻耕播种前,如果是酸性土壤,应撒适量石灰或草木灰,将酸碱度调至中性或微碱性,减少病害发生。病苗及附近病土挖出后,用1%的硫酸铜液或70%甲基托布津500～1 000倍液浇灌病树根部土壤,再用消石灰撒入苗茎基部及根际土壤,或用代森铵水剂1 000倍液浇灌土壤,对病害有一定的抑制作用。

**④晾根或客沙换土** 在早春或秋季时,扒开苗木根颈处病土,使根部暴露,通风透光,随后换入新土。每年换一次,两年见效。

## 第三节 农药使用标准及禁用、限用农药

### 一、农药使用标准

目前,使用农药对病虫害进行防治,特别是在病虫害大发生与大流行时的防治,仍具有重要的作用,是目前病虫害防治的最主要的方法。合理地使用农药,能有效地控制病虫害的

发生和流行，减少病虫害对农药的抗药性，保护生态环境，生产出无污染、低残留的安全绿色果品。要使农药充分发挥药效，必须根据农药防治病虫害的机制，采用科学的施药技术，尽量少用农药，才能收到好的防治效果。

**（一）提前预防**

要充分了解病虫害发生的规律，做到提前预防。病虫害的发生要经历一个过程，但应以不受经济损失或不影响产量为标准。不同的病虫害，发生部位不同，在防治中用药时，要根据不同病虫害的特点，做到重点部位喷到、喷细。如白粉病、蚜虫多发生在顶梢，顶梢部位应该重点喷布；红蜘蛛初发期在叶背为害，此时就应重点对叶背喷布农药等。

**（二）严格掌握用药剂量**

要把握好农药的使用剂量，严格按照说明书提供的剂量使用农药。各种农药对防治对象所用的药量都是经过科研试验而制定的，生产中要严格根据说明书提供的用量使用，不要随意增减。增大用药量，不但浪费农药，而且容易产生药害，增加核桃果品中农药的残留量，污染环境，影响消费者的身体健康；减少用药量，则达不到预期的效果，不但浪费农药，而且误工误时误事。初用药时，按照说明书上药量的下限用药，随着用药年限的增加，其用药量可向药剂量的上限不断增加。

**（三）交替轮换用药**

使用农药时，几种药要交替轮换使用，不要长期使用单一品种的药剂，要尽量使用复配药。长期使用单一的药剂，病虫害容易产生抗性群体，造成果园中病虫害的发生与用药量的恶性循环，最终增加核桃果实中的农药残留量。轮换用药时，要选用作用机制不同的药剂。如生物制剂、拟除虫菊酯制剂、有机氮制剂和氨基甲酸酯制剂，可以轮换使用；内吸杀菌剂宜与代森类、无机硫制剂和铜制剂轮换使用。这些均是有效延缓病虫害产生抗药性的良好途径。

**(四)确保用药安全间隔期**

农药使用时,还要注意严格按照国家制定的安全间隔期标准使用。核桃近熟时喷药,要经过农药的安全间隔期后才能采收上市,以保证生产出的核桃达到无污染、低残留的绿色果品标准。一般农药的安全间隔期为7～15天。

## 二、禁用农药

在核桃生产中,禁止使用剧毒、高毒、高残留的农药和致癌、致畸、致突变的农药。对于国家明令禁止使用的化学农药,绝对不要使用。这些农药是:久效磷、对硫磷(1605)、甲基对硫磷(甲基1605)、水胺硫磷、甲胺磷、三氯杀螨醇、杀虫脒、六六六、滴滴涕、福美胂、砷酸钙、砷酸铅、甲基胂酸锌、甲基胂酸铁铵(田安)、福美甲胂、薯瘟锡、三苯基氯化锡、毒菌锡、西力生、赛力散、氟化钙、氟乙酸钠、氟乙酸胺、氟铝酸钠、氟硅酸钠、林丹、艾氏剂、狄氏剂、二溴乙烷、二溴氯丙烷、甲拌磷(3911)、乙拌磷、甲基异硫磷、氧化乐果、氧化菊酯、磷胺、克百威(呋喃丹)、涕灭威(铁灭克)、灭多威(万灵)、溴甲烷、五氯硝基苯和杀扑磷(速扑杀、速蚧克)。

## 三、准用与限用农药

在核桃生产中,允许使用低毒、低残留化学农药。这些农药是:吡虫啉、马拉硫磷(马拉松)、辛硫磷、敌百虫、双甲脒、尼索朗(噻螨酮)、克螨特、螨死净、菌毒清、代森锰锌类(喷克、大M—45)、新星(福星)、甲基托布津、多菌灵、扑海因、甲霜灵、百菌清、福美双、炭疽福美、乙膦铝、乐斯本(毒死蜱)、抗蚜威

（辟蚜雾）、西维因（甲萘威）、丙硫克百威（安克力）、丁硫克百威（好年冬）、敌敌畏、亚胺硫磷、杀螟硫磷（杀螟松）、乙酰甲胺磷（高灭磷）、三唑酮（粉锈宁）、倍硫磷、喹硫磷（爱卡士）、溴丙磷、哒嗪硫磷、氯唑磷（米乐尔）、灭扫利（甲氰菊酯）、功夫（三氟氯氰菊酯）、歼灭（贝塔氯氰菊酯）、杀灭菊酯（氰戊菊酯、速灭杀丁）、高效氯氰菊酯（高效顺、反氯氰菊酯）、顺式氰戊菊酯（来福灵）、顺式氯氰菊酯（百事达、高效杀死）、联苯菊酯（天王星）、氯化苦、杀螟丹（巴丹）、杀虫双和杀虫单。

允许使用植物源农药、动物源农药、微生物源农药和矿物源农药中的硫制剂与铜制剂。允许有限度地使用部分有机合成化学农药，对一些低毒和个别中毒农药的种类、施药量、使用方法和使用次数，距采收间隔天数与允许的最终残留量等有严格限制。如低毒农药扑海因，其50%可湿性粉剂1 000～1 500倍液，允许喷雾一次，但需距采收 20 天以上使用，允许每千克苹果有残留 2 毫克以下；中毒农药溴氰菊酯（敌杀死），其 2.5%乳油 1 250～2 500 倍液，允许喷雾一次，需距采收期 30 天以上使用。

## 第四节　核桃树主要自然灾害的预防

### 一、核桃树主要自然灾害的种类

核桃树经常遭受的自然灾害，主要有冻害、冷害、抽条、旱涝、风害和日灼等。

#### （一）冻　害

引起核桃树发生冻害的原因，可分为内因和外因两种。内因，是指由于核桃树本身造成的冻害原因，又可分为品种上的、生理上的、营养上的三个方面的原因。树体内营养物质的充分贮备，是提高树体抗寒力、免受冻害的物质基础。任何不合理的栽培技术，如肥水不足、病虫危害严重、结果超载等，都会影响树体内营养物质的贮备，导致越冬准备不足，降低核桃树的抗寒力，从而伏下冬季冻害的潜在因素。二是温度方面的原因，为外因。在核桃树越冬期间，气温异常，达到树体不能忍受的程度，便会发生冻害。初冬如遇寒流侵袭，气温骤降，仲冬绝对低温超常和低温持续时间长，以及早春气温大幅度升降等外界因素的影响，都会引起不同程度的冻害发生。

**（二）抽　条**

抽条多发生在冬春干旱和水土保持不好的年份。这是因为病虫危害严重，果园荒芜，以及枝条停止生长晚，组织不充实，枝条中水分得不到及时的补充，所造成的生理干旱。抽条往往与冻害相伴发生，枝条发生抽条现象后，木质部不变褐色，而是变得苍白，缺乏柔软感，轻者可随气温回升而恢复，严重者失水皱缩，干枯死亡。

**（三）日　烧**

日烧又称"日灼"，是由于太阳照射而引起的生理病害。多发生在北方干寒和干旱的年份。因发生的时期不同，可分为冬季日烧和夏季日烧。夏季日灼常在高温干旱天气条件下发生，主要危害向阳的果实和枝条皮层。果实日灼处表现淡紫色或浅褐色干陷斑。冬季日灼多发生在寒冷地区的果树西南面的主干和大枝上。由于冬、春季白天太阳照射枝干，温度升高到 0℃以上，使处于休眠状态的细胞解冻，夜间温度骤然下降到 0℃以下，细胞内再冻结。如此反复冻融交替，使皮层细胞受破坏。开始受害时，树皮变色，横裂成块斑状。危害严重时，韧皮部与木质部脱离。急剧受害时，树皮凹陷，日烧部位逐渐干枯、裂开或脱落，枝条死亡。

### (四)霜　冻

在果树生长季节，因急剧降温，水汽凝结成霜，而使幼嫩部分受冻，成为霜冻。核桃树在春季开花，其花器官和幼果是植株最不耐寒的部位。春季骤然降温所引起的春霜冻，是花器官、幼果发生冻害的主要因素。由于霜冻是冷空气集聚的结果，小地形对霜冻发生有很大的影响。所以，选择园地要引起足够的重视。

### (五)冷　害

冷害是指在0℃以下的低温条件下，对核桃树所造成的伤害。冷害主要发生在核桃树生长期间，可引起树体生长发育延缓，生殖生理功能受损，生理代谢阻滞，造成产量降低，果实品质变劣。

### (六)风　袭

果树遇强风吹袭，会影响开花授粉，造成落花、落果，严重的还会使嫩枝枯萎，甚至倒干等。

### (七)旱　涝

核桃的不同种群和品种，对降水量的适应能力有很大的差异。如云南铁核桃分布区的降水量为800～1 200毫米，铁核桃生长良好，干旱年份则产量下降。而新疆早实核桃，由于长期适应当地的干燥气候，对水分的需求量不太高。若把它引种到年降水量600毫米以上的地区，则易罹病害。一般来说，核桃耐干燥的空气，但对土壤水分状况却比较敏感，土壤过旱或过湿，均不利于核桃的生长和结实。土壤干旱，易发生落叶、落花或落果，并导致日灼及枯枝等；受涝渍水，则易造成根系呼吸受阻，严重时发生窒息和腐烂，从而影响地上部的生长和发育。秋雨连绵，常引起青皮早裂，坚果变褐。因此，核桃园须建设好排灌系统，并采取树盘覆盖或种植覆盖作物，以提高土壤的保水和抗旱能力。若遇洪涝，则应及时排水防渍，清除淤泥。

## 二、主要自然灾害的预防方法

### （一）因地制宜地建园和管理

由于我国农业生产基本条件的限制，抗御各种自然灾害的能力还很弱，所以选择农业气候优越的地区，特别是避免发生寒害的地区种植核桃树，就显得异常重要。核桃是多年生作物，在一地生长少则十几年，多则几十年，在选择园地的时候，要尽可能地满足树体生长发育对外界气候条件的要求。在生产实践中，应用局部小气候，是防御寒害的重要技术。它能减少不良环境条件的影响。核桃园都应该设有防护林系统，它不仅能防风固沙、降低风速，减少风害，而且还能调节园内湿度，提高温度，减轻冻害、霜害的发生。

### （二）选用抗寒的优良栽培品种

在品种选择上，要根据当地的区划要求，因地制宜地选择抗寒性强的品种进行栽培。切不可盲目发展，更不要贪大、求新、赶时髦。

### （三）建立排灌系统

核桃园须建设好排灌系统，并采取树盘覆盖或种植覆盖作物，以提高土壤保水和抗旱能力。若遇洪涝，则应及时排水防渍，清除淤泥。

### （四）改进栽培技术，提高越冬能力

加强果树的田间管理，主要是通过改进栽培技术，控制其营养和生殖生长，以提高树体的抗寒力，这是避免和减轻寒害的最根本的技术措施。采取综合性技术措施，加强核桃园的

综合管理，促进前期生长，控制后期生长，增大叶片，提高光合效能，保证枝条充实，较多地积累树体营养，是树体及时休眠，安全越冬的重要保障。根据管理水平和树势，合理修剪，不要一味缓放和超载要产果量。加强病虫害的防治，保证树体健全，枝叶繁茂，充分发挥器官功能，以利于营养物质的积累。在保证果品质量的前提下，适当提前采收，可减少养分消耗，相对增加积累，对提高核桃树抗逆性有一定的作用。

**（五）加强树体保护，改善环境条件**

在树体越冬前，采用保护树体、改善园内条件等技术，可以避免寒害或减轻寒害的程度。根茎是树体地上部和地下部连接的部位，也是树体比较活跃的地方，进入休眠最晚，而解除休眠又早，常因地表温度剧烈的变化，而容易产生冻害。采取根颈培土，可以减小温差，提高根茎的越冬能力。树体涂白可杀死一些虫卵和病菌，同时可防止日烧及牲畜和老鼠危害树体。越冬前灌封冻水，已经是北方地区果园一项重要的防寒技术。其主要作用是：贮备较多的水分，以满足冬末春初根系生长和树液流动、进入生长时期的水分需要，同时对于缓解寒害也有重要作用。有条件者，还可以喷洒果树专用防冻保水剂和抑制蒸腾剂等，都可以收到较好的效果。

# 第九章　核桃标准化采收、处理与贮运

## 第一节　采　收

### 一、采收标准

核桃的适时采收非常重要。采收过早，青皮不易剥离，种仁不饱满，出仁率低，加工时出油率低，而且不耐贮藏。采收过晚，则果实易脱落，同时青皮开裂后停留在树上的时间过长，会增加受霉菌感染的机会，导致坚果品质下降。

核桃果实的成熟期，因品种、生长和气候条件不同而异。早熟与晚熟品种的成熟期相差 10～25 天。一般来说，北方地区的核桃成熟期多在 9 月上旬至中旬，南方地区的核桃成熟期相对早些。同一品种在不同地区的成熟期也有差异。如辽宁 1 号品种，在大连地区于 9 月中下旬成熟，在河南则于 9 月上旬成熟。同一地区内的同品种核桃树，其果实的成熟期也有所不同。平原区的较山区的成熟早，低山位区的比高山位区的成熟早，阳坡的较阴坡的成熟早，干旱年份的比多雨年份的成熟早。

核桃果实成熟的标准是：总苞（果实青皮）变为黄绿色或浅黄色，茸毛变少，部分果实顶部出现裂缝，青皮容易剥离。坚果内种仁饱满肥厚，种皮呈黄白色，子叶硬脆，风味浓香。核桃的具体采收期，应依照此标准来确定。

## 二、采收方法

### (一)人工击落法

当核桃大部分成熟时,可用竹竿或有弹性的软木杆,从内向外顺枝将其打落;不可胡乱敲打,以免损伤枝芽,影响第二年的产量。适时进行采收,因多数果实青皮开裂,故振动枝条,坚果即可脱落。

### (二)捡 拾 法

在干旱少雨地区和核桃树数量不多的情况下,可等果实青皮开裂,坚果自行脱落后,每天或隔天在树下捡拾收取。

### (三)机械振动法

这是先进国家采用的核桃采收法。在采收前的10～20天,对树上喷洒浓度为500～2 000毫克/升的乙烯利溶液,催熟核桃果实;然后用机械振动树干,将果实振落到地面。用机械振落的果实,青皮容易剥离,果面少污染;但喷洒乙烯利后,也易造成大量叶片同时脱落,对后期树体的营养贮存有不利影响。

# 第二节　果实处理

## 一、脱 青 皮

核桃果实采收后,应尽快脱掉坚果外面的青皮(又称总苞或果皮),以保持坚果表面洁净,增加商品外观品质。脱青皮的方法如下:

### (一)传统堆沤脱皮

将采后未脱皮的果实放到阴凉处或通风室内。严禁在室外阳光下暴晒青皮果实，以免核仁发热变色变质。然后，将青皮果堆成50厘米左右高的脱皮堆，堆上覆盖厚10厘米左右的秸秆或杂草，以提高堆内温度，促进皮与核脱离。历时4～6天，当青皮膨胀或出现绽裂时，用木棍进行敲击，使青皮裂开，坚果脱出。部分不能脱皮的果实，应再集中堆沤数日，直到能全部脱皮为止。堆沤时间的长短，与果实成熟度有关。成熟度越高，需要堆沤的时间越短。为防止青皮腐烂变黑后污染坚果，切勿堆沤时间过长，以免青皮变黑，汁液污染坚果壳皮和核仁。

**(二)用乙烯利脱青皮**

将刚采下的成熟果实，用浓度为3 000～5 000毫克/升的乙烯利溶液浸泡青皮果半分钟，也可用喷雾器向青皮果喷洒上述浓度的乙烯利溶液。然后，充分搅拌，使每个果均沾有溶液。再将沾有乙烯利溶液的青皮果，堆成50厘米厚的果堆，上面适当覆盖一些保湿秸秆，使堆内保持30℃的温度和80%～90%的湿度。一般经过2天，青皮即可“离核”膨胀，开始脱掉青皮。3～4天后，离皮率可达95%以上。采用乙烯利脱青，其使用浓度和处理时间，与果实成熟度有密切关系。果实成熟度越高，用药浓度应低，催熟和脱皮所需时间越短。此外，用乙烯利脱青皮时，必须有良好的通气条件，以保持核桃果实的正常呼吸作用。

## 二、洗涤和漂白

青果脱皮后，应及时洗净坚果表面残留的腐烂青皮、泥土和其他污物。洗涤坚果的方法，有人工洗果法和机械洗果法。人工洗果法，是将脱去青皮的坚果装在筐内，将筐放在流水和水池中，边浸泡边搅拌，并及时换水清洗。洗涤时间不宜过长，以免水中污物进入核内污染核仁。洗涤后的坚果，若在国内销售，则可不进行漂白，直接放在室外苇席上晾晒即可。若以外销为目的，则经过洗涤的坚果还应进行漂白处理。漂白应在陶瓷缸内进行。首先将次氯酸钠溶液溶于为药液重 4～6 倍的缸内清水中，配成漂白液。再将洗净的湿坚果倒入缸内漂白液中，使漂白液淹没坚果。随即用木棍充分搅拌4～5分钟。当坚果表面变为白色时，停止搅拌，将坚果捞出，用清水冲洗掉坚果表面残留的漂白液，置苇席上晾晒。

用作播种的核桃坚果，脱青皮后不需进行水洗和漂白，可直接晾干后贮藏备用。

## 三、干　燥

经过漂洗的坚果，不宜立即放在直射阳光下暴晒，应放在通风处，待大部分坚果表皮干燥无水时，再移到阳光下摊开晾晒，以免带水湿坚果在日光暴晒下壳皮翘裂，造成污染，降低商品质量。坚果的晾晒厚度以两层为宜。晒时应经常翻动，以求干燥均匀，颜色一致。通常经过 5～7 天即可晾干。干燥坚果含水率应该低于 8%。晾晒气温不宜超过 43℃。

秋雨连绵时，也可用火炕烘干坚果。坚果的摊放厚度，以不超过 5 厘米为宜。过厚不便翻动，烘烤也不均匀，易出现上湿下焦的现象；过薄，易烤焦或裂果。烘烤温度至关重要。刚上炕时，坚果湿度大，烤房温度以 25℃～30℃为宜。同时，要打开天窗，让大量水分蒸发排出。当烤到四至五成干时，要关闭天窗，将温度升到 35℃～40℃。待坚果七八成干时，要将温度降低到 30℃左右。最后，用文火烤干为止。从坚果上炕后到大量水汽排出之前，不宜翻动果实。经烘烤 10 小时左右，当壳面无水时才可翻动。越接近干燥，翻动要越勤，最后阶段每隔 2 小时翻动 1 次。

## 四、分　级

核桃坚果市场价格的高低，除受供求关系制约外，主要取决于坚果的大小，坚果愈大，价格愈高。根据外贸出口的要求，核桃的分级以坚果直径大小为主要指标。通常将商品坚果分为三等，坚果直径＞30 毫米的为一等，等于 28～30 毫米的为二等，等于 26～28 毫米的为三等，直径达不到 26 毫米者为等外果。此外，要求坚果表面光洁，干燥，成品内不允许有杂质，烂果、虫蛀果及破裂果不超过 10％。

1987 年，国家标准局发布的《核桃丰产与坚果品质》标准中，以坚果外观、单果重、取仁难易、种仁颜色与饱满程度、核壳厚度、出仁率及风味等八项指标，将核桃坚果品质划分为优级、一级、二级和三级四个等级。标准中还明确规定露仁、缝合线开裂、果面或种仁有黑斑的坚果，超过抽检样品数量的 10％时，不能评为优级与一级；抽检样品中夹仁果超过 5％时列为等外。

## 五、包装与标志

核桃用麻袋包装，每件净重 45 千克。装核桃的麻袋要结实，干燥，完整，整洁卫生，无毒，无污染，无异味。提倡用纸箱包装。装袋外应系挂卡片，纸箱上要贴上标签。卡片和标签上，要标明品名、产品标准编号、品种、等级、净重、产地、包装日期、保质期、封装人员姓名或代号等。

## 六、贮藏与运输

核桃坚果的贮藏方法，依贮藏数量与贮藏时间而异。一般可分为普通室内贮藏法和低温贮藏法。普通室内贮藏法又可分为干藏法和湿藏法。

### (一)普通室内贮藏法

**1. 干藏法** 将脱去青皮的核桃置于干燥通风处阴干，晾至坚果的隔膜一折即断、种皮与种仁分离不易、种仁颜色内外一致时，便可贮藏。将干燥的核桃装在麻袋中，放在通风、阴凉、光线不直接射到的房内。在贮藏期间，要防止鼠害、霉烂和发热等现象的发生。

**2. 湿藏法** 在地势高燥、排水良好和背阴避风处，挖一条深 1 米、宽 1～0.5 米、长随贮藏量而定的沟。沟底先铺一层 10 厘米左右厚的洁净湿沙，沙的湿度以手捏成团但不出水为度。然后一层核桃一层沙地铺上，沟壁和核桃之间以湿沙充填，不留空隙。至距沟口 20 厘米左右时，再盖湿沙与地面平，沙上培土呈屋脊形，其跨度大于沟的宽度。在贮藏沟四周开排水沟，避免雨水渗入太多，造成湿度过大，使核桃霉烂。沟长超过 2 米时，在贮核桃时应每隔 2 米竖一把扎紧的稻草作通气孔用，草把高度以露出“屋脊”为度。“屋脊”的培土厚度，随天气而变化，在冬季寒冷地区，要培得厚一些。

### (二)低温贮藏法

长期贮存核桃应有低温条件。如贮量不多，可将坚果封入聚乙烯袋中，贮存在 0℃～5℃的冰箱中，可保存良好品质两年以上。在有条件的地方，大量贮存可用麻袋包装，贮存在 0℃～1℃的低温冷库中，效果更好。在无冷库的地方，也可用塑料薄膜帐密封贮藏。具体做法是：选用 0.2～0.23 毫米厚的聚乙烯膜做成帐，帐的大小和形状可根据存贮数量和仓贮条件而设置。然后，将晾干的核桃封于帐内贮藏，帐内含氧量在 2%以下。北方地区冬季气温低，空气干燥，秋季入帐的核桃，不需立即密封，待翌年2月下旬气温逐渐回升时再进行密封。密封应选择低温、干燥的天气时进行，使帐内空气相对湿度不高于50%～60%，以防核桃在密封后霉变。在南方地区，秋末冬初气温高，空气湿度大，核桃入帐时必须加吸湿剂，并尽量降低贮藏室内的温度。当春末夏初气温上升时，在密封帐内贮藏核桃亦不安全。这时，可配合采用充二氧化碳或充氮降氧法。充二氧化碳，可使帐内的二氧化碳浓度升高，既能抑制呼吸，减少损耗，又可抑制霉菌的活动，防止霉烂。如果二氧化碳浓度达到50%以上，还可防止油脂氧化而产生的酸败现象及虫害。若帐内充氮量保持在1%左右，不但具有与上述充二氧化碳的同样效果，还可以在一定程度上防止衰老，贮藏效果也很理想。

为防治贮藏过程中发生鼠害和虫害，可用溴甲烷（40～56克/立方米）熏蒸库房3.5～10小时，或将二硫化碳（40.5克/立方米）放置库房内，密闭库房18～24小时，有显著效果。

**（三）运　输**

核桃在运输过程中，严禁雨淋，并注意防潮。

# 第十章　核桃坚果品质与产量标准

## 一、核桃坚果品质标准

### (一)核桃坚果品质标准

在国际市场上，核桃商品的价格与坚果大小有关，坚果越大价格越高。根据核桃外贸出口要求的标准，坚果按直径大小分为三个等级：一等为30毫米以上；二等为28～30毫米；三等为小于28毫米。要求壳面光滑，清白，干燥(核仁含水率不得超过6.5%)，成品内不允许夹带任何杂质，虫果、破果和变质果不得超过10%。

根据国家质量监督检验检疫总局和国家标准化管理委员会联合发布的《核桃坚果质量等级》(GB/T20398－2006)国家标准，将核桃坚果分为四个等级，具体见表10-1。

**表10-1　核桃坚果质量分级标准**

| 项　目 | | 特　级 | Ⅰ　级 | Ⅱ　级 | Ⅲ　级 |
|---|---|---|---|---|---|
| 基本要求 | | 坚果充分成熟，壳面洁净，缝合线紧密，无露仁、虫蛀、出油、霉变、异味等果。无杂质，未经有害化学漂白处理 | | | |
| 感官指标 | 果　形 | 大小均匀，形状一致 | 基本一致 | 基本一致 | |
| | 外　壳 | 自然黄白色 | 自然黄白色 | 自然黄白色 | 自然黄白或黄褐色 |
| | 种　仁 | 饱满，色黄白，涩味淡 | 饱满，色黄白，涩味淡 | 较饱满，色黄白，涩味淡 | 较饱满，色黄白或淡琥珀色，稍涩 |

续表 10-1

| 项目 | | 特级 | Ⅰ级 | Ⅱ级 | Ⅲ级 |
|---|---|---|---|---|---|
| 物理指标 | 横径(毫米) | ≥30.0 | ≥30.0 | ≥28.0 | ≥26.0 |
| | 平均果重(克) | ≥12.0 | ≥12.0 | ≥10.0 | ≥8.0 |
| | 取仁难易度 | 易取整仁 | 易取整仁 | 易取半仁 | 易取四分之一仁 |
| | 出仁率(%) | ≥53.0 | ≥48.0 | ≥43.0 | ≥38.0 |
| | 空壳果率(%) | ≤1.0 | ≤2.0 | ≤2.0 | ≤3.0 |
| | 破损果率(%) | ≤0.1 | ≤0.1 | ≤0.2 | ≤0.3 |
| | 黑斑果率(%) | 0 | ≤0.1 | ≤0.2 | ≤0.3 |
| | 含水率(%) | ≤0.8 | ≤0.8 | ≤0.8 | ≤0.8 |
| 化学指标 | 脂肪含量(%) | ≥65.0 | ≥65.0 | ≥60.0 | ≥60.0 |
| | 蛋白质含量(%) | ≥14.0 | ≥14.0 | ≥12.0 | ≥10.0 |

### (二)核桃坚果品质的检测方法

对于核桃坚果品质的具体检测方法，主要包括以下三个方面：

**1. 感官指标及检测** 在核桃样品中，随机取样 1 000 克，铺放在洁净的平面上，目测核桃果壳的形状色泽；并砸开取仁，品尝种仁风味，涩味感觉不明显为涩味淡，涩味感觉明显但程度较轻为稍涩；同时记录种仁色泽及饱满程度。

**2. 物理指标及检测** 在核桃初样中，按四分法取 500 克，用千分卡尺逐个测量横径并进行算术平均值计算，即为横径。按四分法取 1 000 克，用感量为 1/10 的天平称重，并进行算术平均值计算，即为平均单果重。随机抽取样品 1 000 克，逐个取仁，用感量为 1/100 的天平称取坚果重和仁重，计算仁重与坚果重之比，换算成百分数，精确到0.01，修约至一位小数，即为出仁率。随机取样1 000克，铺放在洁净的平面上，将空壳果挑出，计算空壳果数占共测果数的百分率，即为空壳果率。随机取样1 000克，铺放在洁净的平面上，将破损果挑出，计算破损果数占共测果数的百分率，即为破损果率。随机取样1 000克，铺放在洁净的平面上，将黑斑果挑出，计算黑斑果数占共测果数的百分率，即为黑斑果率。在样品中，随机取样1 000克，采用直接干燥法测定含水率。取仁难易度的测量方法是，将抽取核桃砸开取仁，若内褶壁退化，能取整仁的为取仁极易；若内褶壁不发达，可取半仁的为取仁容易；若内褶壁发达，可取1/4仁的为取仁较难。

**3. 化学指标及检测** 在核桃样品中，随机取样1 000克，通过化学分析测定蛋白质和脂肪含量。

## 二、丰产园(树)产量标准

### (一)核桃坚果产量标准

根据国家林业局颁布的《核桃丰产与坚果品质》(LY1329—1999)国家标准，核桃坚果产量标准，按晚实、早实分为两大类群，具体见表10-2和表10-3。

**表10-2 晚实核桃丰产标准** (单位：千克)

| 树龄(年) | 产量 | | | | | |
|---|---|---|---|---|---|---|
| | 泡核桃 | | 核桃 | | | |
| | Ⅰ类产区 | | Ⅱ类产区 | | Ⅲ类产区 | |
| | 平均株产 | 平均亩产 | 平均株产 | 平均亩产 | 平均株产 | 平均亩产 |
| ≤15 | 8 | 78 | 5 | 55 | 3 | 51 |
| 16～20 | 19 | 172 | 12 | 128 | 5 | 85 |

续表 10-2

| 树 龄（年） | 产 量 | | | | | |
|---|---|---|---|---|---|---|
| | 泡核桃 | | 核 桃 | | | |
| | Ⅰ类产区 | | Ⅱ类产区 | | Ⅲ类产区 | |
| | 平均株产 | 平均亩产 | 平均株产 | 平均亩产 | 平均株产 | 平均亩产 |
| 21～30 | 33 | 232 | 18 | 180 | 9 | 114 |
| 31～40 | 43 | 259 | 22 | 200 | 12 | 118 |
| 41～50 | 50 | 269 | 25 | 213 | 14 | 121 |
| 51～60 | 55 | 273 | 27 | 216 | 16 | 123 |
| 61～70 | 58 | 273 | 28 | 216 | 18 | 123 |
| 71～80 | 60 | 273 | 29 | 216 | 19 | 123 |
| 81～90 | 62 | 273 | 30 | 216 | 20 | 123 |
| ≥91 | 63 | 273 | 31 | 216 | 21 | 123 |

注：1 亩＝667 平方米

### （二）核桃坚果产量标准的划分

核桃产量标准划分依据，主要包括以下几个方面：

第一，单株或单位面积的核桃坚果产量，按不同年龄的核桃丰产树、核桃丰产园的平均株（亩）产量，作为核桃丰产的低限标准。

第二，晚实核桃产量标准，按各主产区的产量水平，结合生态条件，将全国晚实核桃产区划分为三类：Ⅰ类产区包括云南、贵州、四川（西部及南部）和西藏（山南及藏东）等地区；Ⅱ类产区包括山西、陕西、宁夏、甘肃、青海、新疆、河南、湖北和四川（中部及北部）等地区；Ⅲ类产区包括辽宁、河北、北京、天津、山东、安徽（北部）和江苏（北部）等地区。

第三，丰产园及丰产树应有一定的规模，农民承包经营的丰产树应在 100 株以上，面积应在 0.67 公顷（10 亩）以上。

表 10-3 早实核桃丰产标准 （单位：千克）

| 树龄（年） | 散生树平均株产 | 丰产园平均亩产 |
|---|---|---|
| 4 | 1.0 | 30.0 |
| 5 | 1.5 | 45.0 |
| 6 | 2.0 | 60.0 |
| 7 | 2.5 | 75.0 |
| 8 | 3.0 | 84.0 |
| 9 | 3.6 | 93.0 |
| 10 | 4.2 | 105.0 |
| 12 | 5.4 | 126.0 |
| 14 | 7.0 | 150.0 |
| 16 | 9.0 | 174.0 |
| 18 | 11.0 | 200.0 |
| 20 | 13.0 | 225.0 |
| 25 | 20.0 | 250.0 |

注：1 亩＝667 平方米

国有或集体的商品核桃生产基地，丰产园应在 13.33 公顷（200 亩）以上。

## 三、落实标准，提高核桃效益

我国核桃的生产总量正在迅速增长，但品种和质量还不能完全适销对路。这主要体现在低质品种多，优质品种少；落实标准生产少，普通产品多；初级产品多，加工产品、标准产品少。不注重实行产品分级与标准化工作，生产的专业化、商品化水平低；不注意消费者的需求已向高层次、高质量、高安全性和多样化发展，仍以初级产品行销市场，导致目前有的地方核桃生产效益低。因此，必需认真落实标准，采取优质化、标准化、绿色化、名牌化和加工化策略，提高核桃生产效益。积极推进核桃产业化、标准化发展，根据市场需求，选准主导品种及加工产品，使农户和龙头企业及营销组织通过契约形成联合体，把生产、加工和销售等环节紧密结合起来，确保核桃全面落实标准化生产和产品增值目标的实现，使农民有利可得。

最新研究成果证明，在适宜的土地上，种植优良新品种，并加以标准化科学管理，可获得较大的经济效益。早实核桃标准化建园及前5年的管理费用和投资利息，共计为1.05万元/公顷，以盛果期30年计算，生产1吨核桃坚果的成本约为1600元，每吨核桃坚果价值12 000元，投入产出比为1∶7.4（间作物的收入未计算在内）。而且，目前我国年人均食用核桃只有几十克，而美国则达到了年人均食用核桃500克，英国为300克，法国为400克。同时，通过大力发展核桃产业，可转移农村剩余劳动力，提高土地利用率，改善农业产业结构，缓解核桃供求矛盾，增加农民收入，带动农产品加工及相关产业的发展。因此，我国核桃产业有着广阔的国内外市场，大有可为。

# 附录　核桃无公害标准化生产周年管理历

| 时　间 | 物候期 | 管理技术要点 | 注意事项 |
| --- | --- | --- | --- |
| 1～2月 | 休眠期 | 1. 冬季修剪。常用树形有主干疏层形和自然开心形。主干疏层形留6～7个枝，分2～3层。结果后的枝组间保持0.6～1米距离。盛果期以疏除病虫枝、过密枝、重叠枝、下垂枝为主。结合修剪采集接穗<br>2. 早春刨园子(改土、保墒、松土)<br>3. 病虫害防治<br>(1)刮老树皮，兼刮治腐烂病<br>(2)喷5波美度石硫合剂，防止核桃黑斑病、核桃炭疽病等多种病虫<br>(3)防治草履介壳虫若虫。在树干基部涂6～10厘米宽粘胶环阻杀若虫；于根颈及表土喷6%柴油乳剂或喷50%辛硫磷200倍液<br>(4)防治刺蛾、核桃瘤蛾和舞毒蛾等，敲击树干、砸皮缝中的刺蛾茧、舞毒蛾卵块；清除石块下越冬的刺蛾、核桃瘤蛾及土缝中的舞毒蛾卵块 | 1. 防治草履介壳虫若虫，刮平树干涂胶带<br>2. 敲击树干、砸皮缝中的刺蛾茧、舞毒蛾卵块工作，要求细致 |
| 3月 | 萌芽前 | 1. 合理灌水追肥(以复合肥为主)<br>2. 育苗，嫁接，疏雄花<br>3. 进行人工辅助授粉，去雄花，疏花疏果，提高坐果率<br>4. 病虫害防治<br>(1)树上挂半干枯核桃枝诱集黄须球小蠹成虫产卵<br>(2)对草履介壳虫、核桃黑斑病、核桃炭疽病和核桃腐烂病核桃树喷3～5波美度石硫合剂；用50%甲基托布津、10%苯骈咪唑50～100倍液涂刷树干，预防腐烂病感染 | 1. 坡地和旱地，宜推广穴施肥水、覆膜等保墒增肥技术<br>2. 注意：树上挂半干枯核桃枝防治黄须球小蠹时，在6月中旬或成虫羽化前全部收回烧毁 |

**续附录**

| 时　间 | 物候期 | 管理技术要点 | 注意事项 |
|---|---|---|---|
| 4月 | 萌芽、开花、展叶期 | 1. 果园管理同上<br>2. 病虫害防治：<br>(1)喷 25%扑虱灵可湿性粉剂 5000～6000 倍液，防治草履介壳虫<br>(2)早晨振动树干，人工捕杀金龟子成虫<br>(3)喷敌敌畏 800 倍液或 50%杀螟松乳剂 800 倍液，防治舞毒蛾幼虫<br>(4)剪除不发芽、不展叶的虫枝，消灭核桃小吉丁虫、黄须球小蠹、豹纹木蠹蛾幼虫<br>(5)雌花开放前后喷 50%甲基托布津可湿性粉剂 500～800 倍液；中下旬喷波尔多液(1∶0.5∶200)1～3次，防治黑斑病；用 50%甲基托布津可湿性粉剂 800 倍液与波尔多液(1∶2∶200)交替喷洒，防治核桃炭疽病；用 50%甲基托布津或 65%代森锌200～300 倍液，涂抹嫁接、修剪伤口，防止腐烂病菌侵染。生长期每隔半月左右一次 | 消灭核桃小吉丁虫、黄须球小蠹、豹纹木蠹蛾幼虫。剪除的虫枝要集中烧毁<br>防治核桃炭疽病、黑斑病、腐烂病在生长期每半个月左右喷药一次 |
| 5月 | 果实膨大期 | 1. 苗圃管理。高接后管理<br>2. 病虫害防治<br>(1)核桃举肢蛾：树盘覆土阻止成虫羽化出土；喷 50%辛硫磷 2000 倍，或 2.5%敌杀死乳油 1500～2500 倍液，或地面撒杀螟松粉<br>(2)桃蛀螟：用黑光灯、糖醋液诱杀成虫；用 50%杀螟松乳油 1000 倍液杀成虫、卵和幼虫<br>(3)芳香木蠹蛾：用高效氯氰菊酯 20～50 倍液注入虫道内并用泥土封口杀幼虫<br>(4)核桃横沟象：人工捕杀成虫和刨开根颈部的土层；用浓石灰浆涂封根际防止产卵 | 防治核桃举肢蛾每半月左右喷药一次，连喷 3～4 次 |

续 附 录

| 时　间 | 物候期 | 管理技术要点 | 注意事项 |
|---|---|---|---|
| 6月 | 花芽分化及硬核期 | 1. 芽接。苗圃地中耕除草，施肥<br>2. 高接树除萌，绑支架<br>3. 花芽分化前(6月上中旬)追肥(以复合肥为主)<br>4. 叶面喷肥，增加磷钾含量<br>5. 病虫害防治：<br>(1)云斑天牛：人工捕杀成虫，砸卵，灯光诱杀成虫，用棉球蘸5～10倍敌敌畏液塞虫孔<br>(2)芳香木蠹蛾：人工捕杀、黑光灯诱杀成虫；于根颈部喷50%辛硫磷乳剂400倍液杀幼虫<br>(3)人工捕杀核桃横沟象成虫<br>(4)桃蛀螟：用黑光灯、糖醋液诱杀成虫，摘虫果、拾落果，深埋灭幼虫；喷50%杀螟松乳油1000倍液杀成虫、卵与幼虫<br>(5)核桃小吉丁虫、黄须球小蠹：喷敌杀死5000倍液杀死成虫<br>(6)核桃溃疡病、枝枯病、核桃褐斑病：树干涂白；喷100倍石灰倍量式波尔多液，或50%甲基托布津800倍液 | |
| 7月 | 种仁充实期 | 1. 果园管理同6月<br>2. 病虫害防治：<br>(1)核桃举肢蛾、桃蛀螟幼虫：捡拾落果，采摘虫害果<br>(2)核桃瘤蛾：树干上绑草诱杀<br>(3)云斑天牛、芳香木蠹蛾、桃蛀螟成虫：人工捕杀，灯光诱杀<br>(4)核桃横沟象、举肢蛾成虫：喷50%杀螟松乳油1000倍液<br>(5)芳香木蠹蛾幼虫：撬开被害部树皮捕杀；根颈部喷50%辛硫磷乳剂400倍液 | 防治核桃举肢蛾、桃蛀螟幼虫。捡拾落果，采摘虫害果，集中深埋 |

**续附录**

| 时　间 | 物候期 | 管理技术要点 | 注意事项 |
|---|---|---|---|
| 7月 | 种仁充实期 | (6)刺蛾、核桃瘤蛾、核桃小吉丁虫、黄须球虫成虫：用2.5%敌杀死乳油1500～2500倍液，或50%杀螟松乳剂800倍液，10%高效氯氰菊酯乳剂10000倍液喷雾<br>(7)核桃褐斑病：喷200倍石灰倍量式波尔多液，或50%甲基托布津800倍液 | 防治核桃举肢蛾、桃蛀螟幼虫。捡拾落果，采摘虫害果，集中深埋 |
| 8月 | 成熟前期 | 1. 果园管理同6月<br>2. 病虫害防治：<br>(1)核桃瘤蛾二代、缀叶螟、刺蛾：喷50%敌敌畏800倍液，或2.5%敌杀死乳油1500～2000倍液、50%杀螟松乳剂800倍液<br>(2)芳香木蠹蛾幼虫：用高效氯氰菊酯20～50倍液注、喷入虫道内，并用泥土封严<br>(3)桃蛀螟：用糖醋液诱杀成虫<br>(4)核桃横沟象成虫：人工捕杀和喷50%杀螟松乳油1000倍液<br>(5)核桃褐斑病：喷50%甲基托布津800倍液 | |
| 9月 | 采收前、落叶前期 | 1. 适期采收，采后加工处理<br>2. 采收后施基肥，大树每株施100～200千克农家肥，混加复合肥<br>3. 果园覆盖秸秆类，结合深翻改土和修剪<br>4. 病虫害防治：<br>核桃小吉丁虫幼虫、黄须球小蠹成虫、核桃黑斑病、炭疽病、枝枯病、褐斑病：剪除枯枝，或叶片枯黄枝，或落叶枝；采果后结合修剪，剪除枯死枝和病虫枝 | 防治核桃小吉丁虫幼虫、黄须球小蠹成虫等，剪除病主枝，要集中烧毁 |

**续附录**

| 时　间 | 物候期 | 管理技术要点 | 注意事项 |
|---|---|---|---|
| 10月 | 落叶期 | 1. 果园管理同9月<br>2. 病虫害防治：<br>核桃腐烂病、枝枯病、溃疡病：刮除病斑，刮口涂抹50%甲基托布津，或3波美度石硫合剂，或1%硫酸铜液，或10%碱水，进行伤口消毒；树干涂白防冻 | 防治核桃腐烂病、枝枯病、溃疡病，刮皮范围应超出病组织1厘米左右；刮口光滑严整，刮除病皮要集中烧毁 |
| 11～12月 | 休眠期 | 1. 清园(铲除杂草，清扫落叶、落果并销毁)，树盘翻耕，刮除粗老树皮，清理树皮缝隙<br>2. 冬灌(封冬前灌水)，利于幼树越冬<br>3. 幼树越冬前进行防寒处理：树干涂白，根部培土等<br>4. 冬季修剪<br>5. 人工挖除越冬态幼虫、蛹和卵<br>6. 刨开根颈周围的土层灌人尿；用敌敌畏5倍液喷根颈部后封土 | 刮下的树皮，铲除的杂草和落叶等，要集中烧毁 |

# 主要参考文献


1　郗荣庭,张毅萍．中国果树志．核桃卷．北京:中国林业出版社,1996

2　郗荣庭,张毅萍．中国核桃．北京:中国林业出版社,1992

3　梅立新,郭春会,刘林强．中美核桃业之差距与对策．西北农林科技大学学报(自然科学版),2002;30(4)

4　中国农业年鉴编辑委员会．中国农业年鉴．北京:中国农业出版社,2000

5　戴维·雷蒙斯．核桃园经营．奚声珂,花晓梅,译．北京:中国林业出版社,1990

6　王田利．核桃生产中存在的问题及对策．河北果树,2001;(2)

7　屈红征,吴国良,张建成等．美国黑核桃的特性及在我国的发展前景．山西果树,2001(3)

8　潘建裕．我国果品产销形势、问题及对策．果树科学,1999;16(2)

9　李震三．高档果品的开发对策．落叶果树,1996;(1)

10　汪良驹,章镇,姜卫兵．加入 WTO 后中国果树业发展对策．果树科学,2001;18(5)

11　曹子刚．核桃板栗枣病虫害看图防治．北京:中国农业出版社,2000

12　罗秀均,魏玉君．优质高档核桃生产技术．郑州:中原农民出版社,2003

13　张毅萍,朱丽华．核桃高产栽培．北京:金盾出版社,1999

14　魏玉君．薄皮核桃．郑州:河南科学技术出版社,2000

15　董凤祥,王贵禧．美国薄壳山核桃引种及栽培技术．北京:金盾出版社,1999

16　冀朝仁．汾州核桃．北京:经济日报出版社,2002

17　科学技术部农村与社会发展司．中国汾州核桃栽培新技术．北京:台海出版社,2001

18　国家林业局．核桃丰产与坚果品质(LY1329－1999)标准．北京:中国农业出版社,1998